确定性

成长

把正确的事做正确

杨涛 著

清华大学出版社

北京

版权所有，侵权必究。举报：**010-62782989**，**beiqinquan@tup.tsinghua.edu.cn**。

图书在版编目（CIP）数据

确定性成长 : 把正确的事做正确 / 杨涛著 .

北京 : 清华大学出版社 , 2025.5.-- ISBN 978-7-302-67834-2

Ⅰ . B848.4-49

中国国家版本馆 CIP 数据核字第 20250CY910 号

责任编辑：宋冬雪
封面设计：杨泽贤
版式设计：左　素
责任校对：王荣静
责任印制：丛怀宇

出版发行：清华大学出版社
　　　　　网　　　址：https://www.tup.com.cn，https://www.wqxuetang.com
　　　　　地　　　址：北京清华大学学研大厦 A 座　　　邮　　编：100084
　　　　　社　总　机：010-83470000　　　邮　　购：010-62786544
　　　　　投稿与读者服务：010-62776969，c-service@tup.tsinghua.edu.cn
　　　　　质　量　反　馈：010-62772015，zhiliang@tup.tsinghua.edu.cn
印　装　者：北京鑫海金澳胶印有限公司
经　　　销：全国新华书店
开　　　本：148mm×210mm　　　印　　张：8.875　　　字　　数：179 千字
版　　　次：2025 年 5 月第 1 版　　　印　　次：2025 年 5 月第 1 次印刷
定　　　价：72.00 元

产品编号：109454-01

人的一生，终将在追求确定性的路上死去。

■ 本书所获推荐

亦仁　创业者社群"生财有术"创始人

成长其实从来都不是一件容易的事。每个人都希望找到一条清晰可见、脚踏实地的路径，但现实总是充满迷茫和不确定。

《确定性成长》这本书，让我看到了答案——通过"把正确的事做正确"，把那些看似复杂、抽象的道理，拆解成一个个可以落地的行动框架。

涛哥是"生财有术"社群的嘉宾，他的分享一向既有深度又有温度。他写下这本书，不是为了传授成长或者赚钱的"万能公式"，而是希望帮你找到属于自己的成长确定性。

如果你也曾迷茫、挣扎过，不妨翻开这本书，看看里面是否有你需要的方向和启发。

曹政　公众号"caoz 的梦呓"作者，《你凭什么做好互联网》作者

杨涛的这本书是关于成长的，相关的话题我也曾听过几次他的分享，他对流量和运营有着深刻洞察和独到见解，他的一些方法论的小故事也让我耳目一新。

在我眼里他像是一个创业云暖男，长期坚持解答创业者的各种问题。这本书里包含了他这些年的一线体感和经验，相信会对

年轻人的成长有所助益。

对一个人的正面评价有很多种，比如正直，比如实在，比如有才能，比如值得信任。

有一个评价很难获得，就是有趣。

一个有趣的人首先是一个有才的人，有才才能有趣，无才的人只能装作有趣，或者自以为有趣。

但并不是每个有才的人都是有趣的。因为要想有趣还需要懂得沟通，能够理解他人，以及换位思考。

很多自以为有趣的人在我眼里只是卖弄恶俗而已。

杨涛是个真正有趣的人。所以他的书，也会是一本真正有趣的书。

有趣，你才能更好地理解他的价值，理解成长的烦恼。我相信你阅读之后，会明白我的意思。

Fenng　公众号"小众消息"作者

杨涛的《确定性成长》深入探讨了个人成长的关键思维与行动法则，提供了一系列切实可行的策略与方法。

阅读这本书，能帮助读者激发自身的成长动力，深入思考，明确发展路径，在当下不确定的环境中找到内心的笃定与方向。

吴鲁加　知识星球创始人

这些年，我见过很多人，遇到过很多事，总感觉人们在追逐一种确定性，想要找到更多的掌控感。

杨涛在这本书里，把他的经验总结成了简单且扎实的建议，深入浅出，都是普通人能看懂也能做到的。

希望你持续行动，找到属于自己的确定性，一步步把生活过成自己想要的样子。

明白　公众号"多元思维 Hack"作者

我家墙上贴着一句话：遇到问题、困惑，想想涛哥会怎么做。

涛哥是我人生的一个贵人，也是带我进入互联网的领路人。从一个只会写代码的程序员，成长为一个能独立在互联网赚钱的自由职业者，这个过程中，每次我遇到赚钱相关的问题，或者成长中的困惑，感觉低落、挫败、想放弃时，找涛哥聊完，我就又感觉自己可以干翻这个世界了！

这本《确定性成长》里蕴含着涛哥的智慧，我想邀请你一起来读。

郭拽拽　自媒体创业者，《前途无量》作者

和涛哥相识多年，每一次闲聊或请教，他总能给我带来一些耳目一新的启发。花了两天时间读完这本书，我又重新认识了我自己。

这本书毫无保留地剖析了诸多现实困境：从自律性差、计划常流产，到职场迷茫、职业规划缺失；从社交恐惧、沟通不畅，再到精力管理失控。每一个痛点，都精准戳中当下每一个人。

但书中所写，又绝非只是陈列问题，而是实打实给出解决之道。涛哥借由趣味对话、生动案例，深入浅出引出"确定性"法则，手把手助力你规划清晰目标，拆解复杂难题，让成长路径一目了然。

无论你是渴望重塑生活习惯、理顺职场发展，还是优化人际关系、提升赚钱能力，翻开此书，皆能获取拿来即用的实操方法。希望你读完此书，能稳稳踏上确定性成长之路。

粥左罗　《学会写作 2.0》作者，顶峰会创始人

成功充满了不确定性，是一个概率事件，但成长是具有确定性的。持续确定性成长，必然不断提高成功的概率，增加成功的次数。

涛哥将他 20 年创业经历所遇到的一线问题归类并进行总结，深入浅出地讲解了关于成长的四个相关确定性。

对大家在成长的路上，少踩坑，多提效，早日拿回生活的掌控感，找到人生的确定性，帮助颇大。

本书与市面上一些书不同的是，涛哥没有过多阐述"是什么"和"为什么"，而是非常直接地告诉大家"怎么做"。

不论是在校学生、刚进入社会的年轻人，还是创业者，都建议好好阅读。

成甲　《好好学习》作者，复利人生研究者

我和杨涛老师人生经历、追求皆不同，所以书中的一些观点我们未必一致，但这丝毫不影响我受益于书中很多"接地气"又掏心窝子的经验分享。通篇看完，颇有启迪，受益良多。希望朋友们也能在读这本书的过程中，享受淘到金的乐趣。

易仁永澄　个人成长教练

经营大师稻盛和夫曾问过："生而为人，何为正确？"尤其是在当今多元文化冲突带来持续变动、愈加不确定的时代，对"什

么是正确，如何把正确的事情做正确"这个问题的解答变得尤为重要。作者用自己丰厚的实战经验，梳理了技能、关系、财富、影响力之间相互作用的关系，指明了一条长期确定且正确的复利发展之路，为每个想要把自己人生经营好的人，提供了一条确定且高回报的正确路径。

梁靠谱 自媒体博主，销冠孵化基地创始人

谁的幼年没有对自己长大后的样子充满憧憬和希望？可谁的成长又不是伴随无数的困境和迷茫？谁会不厌其烦安慰无知的少年？谁能带着年轻人历经千帆罪、练就不死心呢？

我想看到这本书的时候，我的心里有了唯一的答案。学习技能、经营关系、积累财富、玩转职场，做一个听劝的年轻人，就能在寻求确定性的过程中，让自己活成确定性，从一个避雨的人，变成屋檐。

我相信有缘看到这本书的你，绝非池中物，我们在这里，等你跃龙门的那一天。

理白 公众号"理白先生"作者，畅销书《新媒体写作创富》作者

在这个充满不确定性的时代，每个人都渴望找到一条通往成功的确定性道路。

"确定性成长"是一种智慧，是一种对未来的深刻洞察，也是对当下的坚定承诺，这与本书的核心理念也不谋而合：帮助读者在复杂多变的世界中，找到并持续推动自己的确定性成长。

作者杨涛作为多年连续创业者，通过深入研究大量案例，结合自身的丰富经验，提出了一套系统而实用的成长法则。

在这本书中，你将探索如何在对未知的敬畏中培养确定性，如何在挑战与机遇中不断成长，最终成就一个更加丰富、更加深刻的自我。

自序

我也曾一直制订计划，常立目标，却很少付诸行动，又重新制订计划，如此反复；也曾三分钟热度，缺乏毅力，总有这样那样的借口，无法坚持，半途而废。

我也曾生活不规律，无法早睡早起、按时吃饭，无法保持运动习惯，不自律；也曾沉迷游戏和短视频，沉迷各种低级趣味，追求即时满足，明知不该如此，却始终戒不掉。

我也曾拎不清生活的重点，工作繁忙，加班出差，应酬不断，理不顺家庭、工作和生活的关系；也曾重度社交恐惧，在饭局上沉默不语，在聚会中只想逃离。

我也曾是一个毫无逻辑的表达障碍者，各种聚会里，词不达意，不知所云，常在事后顿足，明明可以更好；也曾不擅写作，哪怕脑子里全是想说的，动笔时却无从下手。

我也曾是传统职场人、大厂"螺丝钉"，走在职业生涯的分界线上，面对黯淡的前景和固定收入，无法抉择；也曾迷信于稳定带来的诱惑，在考公和考编的路上犹豫不决。

我也曾毫无配得感，不懂善待自己，抠抠搜搜，不知如何享受生活，面对机会，也不敢争取；也曾不会拒绝，事无巨细，不知量力而行，耗心耗时，吃力不讨好。

我也曾毫无职业规划，游移不定，焦虑迷茫，找不到自己真正的喜欢和擅长，无法发挥优势；也曾眼高手低，鲁莽冲动，纠结内耗，动辄放弃，年复一年，一无所获。

我也曾不通人情，不谙世故，不知如何有效沟通，处理不好与同事、领导、亲朋好友之间的关系；也曾深感情商有限，无法控制情绪，做出深感后悔的决定，说出无法挽回的话。

我也曾痴迷学习，做了很多笔记，画了很多导图，若有所获，却毫无长进；也曾效率低下，朝九晚十，盲目勤奋，始终纠结于问题本身，从不总结改进，一错再错。

我也曾幻想一夜暴富，曾是知识付费的狂热分子，沉浸在各种赚钱的资讯中不能自拔，却总落不到实处；也曾对精力管理一无所知，又忙又累，却总是度过碌碌无为的一天又一天。

我也曾收入结构不健康，心态不够开放，始终无法开始对人生第二曲线的探索，只靠薪水活着，对风险毫无抵抗能力；也曾盲目理财，却不知"你不理财，财不离你"。

　　我也曾对流量一无所知，面对互联网的喧嚣和繁华，不知所措；也曾在创业途中遇到瓶颈，面对业态的变化，合规的改动，业务戛然而止，不知路在何方。

　　我也曾忽略数据的客观和残忍，做事创业纯凭个人判断和喜好，小巷思维；也曾高估数据的力量，自以为具备顶级的信息收集、甄别、分析能力，常常忽略了还有个词叫作"时间窗口"。

　　我也曾大大低估团队的作用，事无巨细，事必躬亲，有限的精力大半都花在了琐碎的事情上；也曾滥用信任，一味放权，眼睁睁地看着好事变坏，四处找补，频繁"救火"。

　　我也曾极度自信，怀疑一切，不屑于前辈的经验和沉淀，只相信自己的判断和努力，重复造轮子；也曾盲从盲信，跟风追风，猛换行业，不知何为时间的复利，用生命诠释无效做功。

　　……

　　如果你也曾和我一样，那么可以看看本书，和我交换一下想法。

杨涛

2025 年 1 月

目录

一 序章

1.1 问题与确定性　3

1.2 天赋　5

二 技能

2.1 技能是什么　29

2.2 技能的获取　41

2.3 持续行动　51

三 关系

3.1 亲密关系　96

3.2 社会关系　100

3.3 客户关系　110

四 财富

4.1 财富是什么　123

4.2 存钱　124

4.3 赚钱、花钱和分钱　128

五 影响力

5.1 影响力是什么　141

5.2 影响力的打造　170

六 职场、创业与副业

6.1 职场　199

6.2 副业和创业　212

后记 人间外挂

一

序章

1.1 问题与确定性

前阵子有个女孩问我："我觉得成长太慢，怎么才能更加自律呢？我做事情，总是三分钟热度，感觉每次定的目标，最终都不了了之。"

我笑了笑，反问她："如果我现在告诉你，只要你每天早上6点前，能赶到5公里外的白云山顶上，那里一定会有30万元现金等你去拿，你能起得来吗？"

她毫不犹豫道："当然可以！"

我又问她："如果只有3万元呢？"

她想了想，说："可以的。"

"只有3000元呢？"我继续追问。

她犹豫了一番，说："也行吧。"

我又问她："如果只有300元呢？"

她摇着头说："那起不来的！"

有意思吧？这个对话里包含了 3 个元素。

第一个是"相信"，有个权威告诉她有钱拿，这个权威她是相信的，权威给了她确定性。大部分时候，人们都是处于一个"因为看见，所以相信"的状态，只有少部分人，会"因为相信，所以看见"，而这往往就是人与人拉开差距的关键。当自己不相信的时候，就需要外力预先获取一个确定性。在上面的对话里，就是权威给了这个女孩确定性，于是她看见了那个画面。

第二个是"收益"，收益足够大，大到足以对抗她自己心中定义的起床的难度以及来回的损耗。从 30 万元到 300 元，人们在计算着自己的时间和精力到底值多少钱。

第三个是"即时性"，只要去就有钱拿，即时性是产生动力很重要的一个因素。反过来举例，假设考过托福的奖学金是 1 万美元，那么，是否可以理解为背 1 个单词就有 1 美元呢？即使这样我想也不会有几个人坚持，因为 1 美元太少了，且考托福还有其他变量，让人们看不到那种确定性，而且，这种奖励就算有，也需要很久以后才能拿到，缺乏即时性。

结论即，若收益预期能够在自己能接受的时间阈值内被确定性地满足，人们可以做成想做的任何事。我们能有这个共识吗？

当然，真实的世界往往会复杂得多。

我将通过本书的一些观察、观点和案例，和大家一起探讨心中关于"确定性"的一些看法，助力大家拿回对生活的掌控感。

1.2 天赋

1.2.1 选择权

在开始之前，我们来讨论一下我们要解决什么问题。

我们都拥有确定性的过去，但并不知道未来可能会变成什么样（图1-1）。其实，你的现状，是你过去所有选择和行为的总和。

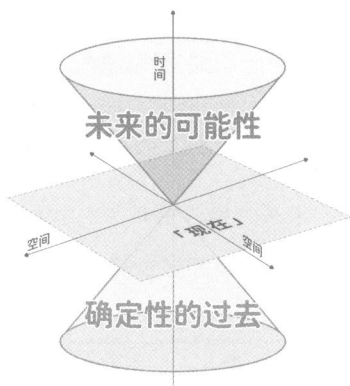

图 1-1　可能性时间轴

从你懂事开始，你就可以选择努力或者不努力，你可以选择文科或理科，选择是否锻炼身体，选择大学和专业；你可以选择怎么度过你的校园时光，打游戏、谈恋爱、兼职、做副业、创业，或者努力学习；毕业了，你可以选择继续深造，或是进入社会，你开始可以选择你的城市和行业，选择一起奋斗的人，选择你的配偶，选择是否要小孩……当然，也有很多人选择被安排，这也是一种选择。

你有没有发现：你的筹码越多，选择的空间就越大，选项就越多。我们做的一切努力，就是为了让自己拥有更多的选择权，这也是一种确定性。过去已经过去，回忆一下，上一个让你后悔的选择是多久以前？5年前？10年前？那个选择仿若昨天。所以，如果你对现状不满，感到不幸福、不自由，却不做出一些改变，那么你的未来已经可以想象。虽然改变不一定会变得更好，但是不改变一定不会更好，下一次遗憾和感慨，很快就会到来。

你现在的选择和努力，就决定了你未来的可能性。

1.2.2 确定性的画面感

那么，你想要的未来，是否清晰呢？我们究竟要解决哪些问题才能实现它呢？我们来看下面这张图：

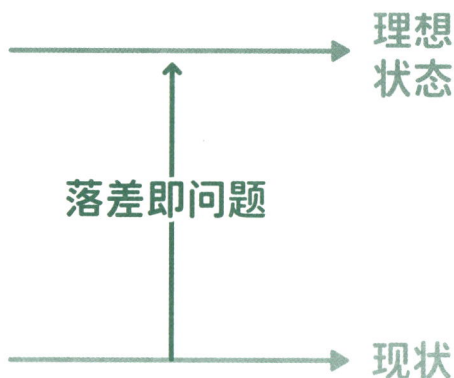

图 1-2　现状与理想的落差

你心心念念的未来，你的理想状态，是怎样的呢？有没有一个具象的画面？

人人都有自己想要的生活，住 180 平方米的房子，开 100 万元的车，赚到 1000 万元，拥有一个 200 人的团队，35 岁退休，环游世界……或者往小了说，减肥 10 斤，工资涨到 8000 元，看完 10 本书……

这些你能很清晰地描绘出来的"画面"，就是你想要的未来，即你要通过什么行为在多长时间内拿到什么样的结果，这就是"画面感"。一个人的画面感越清晰，行为就越坚定，理想状态达成的概率就越大。

而理想状态与现状的落差，就是我们要解决的问题。这里有个很有趣的实验，大家可以代入一下。你对自己 5 年后银行存款的余额有没有画面感？有的话，是多少？有些朋友可能会脱口而出"500 万元"，过了几秒钟，可能会改口为"100 万元"，甚至更少。这是因为画面感在具象化的时候，受限于自己的实际情况，回答的人开始调用他的主观意识和社会经验，小心翼翼地设定一个比较小却相对容易实现的数字，这时候，天马行空的理想状态变成了确切的目标。

目标和理想是不一样的。但是不要怕，怕一次就会怕一辈子，如果连想都不敢想，又谈何实现呢？

与画面感相对应的是"拼图"和"进度条"。

1.2.2.1 拼图

"拼图"的意思是，解决这个问题需要的因素和环节。当你有了画面感后，就会有一块块的拼图出现在你的脑海里（图 1-3）。

图 1-3　拼图

我们一起用一些词来让它更形象，比如：what（要做哪些事），when（什么时候做），where（在哪儿做），who（需要谁的协作），why（为什么），how（怎么做），how long（需要多长时间），how much（需要多少资源）……

具体来说，比如你想要开一家小餐饮店，拼图里就要有："加盟哪个品牌""什么时候开业""店开在哪里""雇用多少员工""怎么选址""装修需要多长时间""一共需要多少资金"等之类的关键问题。

每当你搞定一块拼图——哪怕只是在纸上写出来，剩余的画面就会越来越清晰。

接下来我们一起配上"进度条"的概念，让你更清晰地知道每块拼图都缺哪些因素，要怎么去一步步完成这个画面。

1.2.2.2 进度条

"进度条"是用来显示这个问题和组成这个画面的拼图的解决进度、你达成这个理想状态的速度、完成度以及剩余未完成进度的百分比的一种具象化的记录工具（图 1-4）。

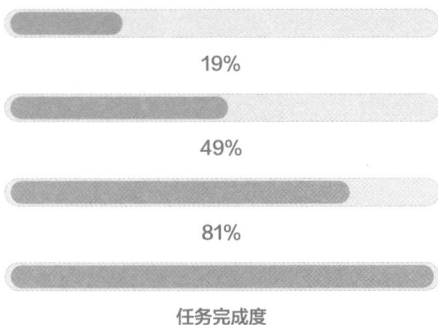

19%

49%

81%

任务完成度

图 1-4 进度条

比如你现在体重 110 斤，目标是减重到 100 斤，通过一个月的努力你瘦到了 105 斤，则你的进度条完成度是 50%，有了这样一个具象化的画面，甚至可以把它设置成手机屏保敦促自己，那么你达成理想状态的速度就会加快。

拥有"画面感"并不是一件很难的事情（图 1-5），它属于"想不想"的问题，而不是一个"能不能"的操作。试试吧，在心中种下一颗这样的种子，勤于灌溉，说不定哪天就能长出一朵绚丽的花。

我们对"画面感"有了清晰的认知之后，可以认真审视一下自己的现状，为解决问题做好准备。

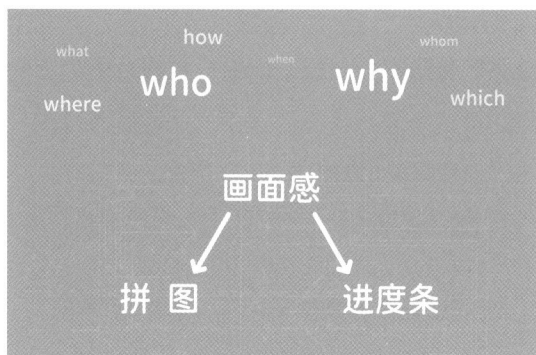

图 1-5　画面感

上文说过，你的现状，就是你过往每一个选择和行为的结果。所以，我们要想办法确保个人或公司成长中的每一步始终走在正确的路上，把正确的事情做正确。

我们要明白，成长路上的每一步、每一个选择不能是孤立的，必须像一组链条一样串起来（图 1-6）。当下的行为或者决策必须能对你的下一个行为或者决策有帮助，每一步都算数。

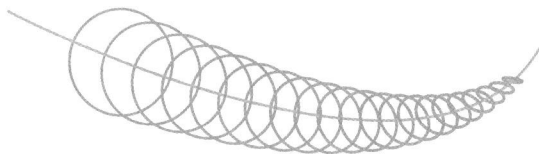

图 1-6　人生链条

以上概念听起来很简单，其实不然，因为我们在为解决问题做功的时候，还要绕过一个巨大的情绪黑洞——"自我设限"。

1.2.3 自我设限

我们一起来回忆一下，在工作、生活甚至是娱乐的时候，是否常听到这样的口头禅："你好厉害，什么都会""我太笨了，做不了这个""我不是这个专业的，没学过，太难了""这个很难，我哪能做好""我好久没打了，早忘了""这个我不太会"……

你是否常常不敢主动，害怕给别人添麻烦；总是三分钟热度，面对未知的任务有着深深的无力感和恐惧心理，擅长给自己的行为找各种借口？

其实这些话每说一次，这种心理每出现一次，就是给自己一次负面的心理暗示和自我催眠。原本可以尝试做到的事，都被自己说得不敢去行动了，自然也不会做到。自我设限、自我打压，是一个很强的情绪黑洞，也是让人原地踏步、不能向前走的重要原因。

要知道，大脑是个好东西，我们要给它滋养，给它鼓励，告诉它"你可以"，它才会听你的话，慢慢地变强。所以，千万不要再自我设限、自我否定了。

也许你会说："可是我本就很普通，并不想选择，就这样活着挺好的。""当下就是最好的选择，我只是普普通通的人呢。"这当然没错，接受自己的普通，其实是一种勇气。并不是每个人的人生，都要按照社会的主流认知或者舆论层面的正确去运行。

如果不接受自己的普通，人就很容易因为事有不顺而不断地否定自己，陷入巨大的情绪内耗当中，消极应对，预设失败，于是加速失败；能够接受自己的普通，更会有"这方面我就是不擅长，试试看能不能更好一些"的勇气，以及"我要去找些擅长的事来做"的积极心态。

所以，我们应该果断拒绝自我设限，在看到自己的局限性以后，仍有勇气自我提高。绝大多数人生而平凡，但我们可以有这样一个觉悟——"认命却不认输，平凡但不平庸"。接受自己的普通，但以此为前提，基于自己有限的原始条件，去改进，争取更多资源，形成滚雪球的状态，让自己的人生越来越好。

1.2.4 好奇心

人的成长，归根到底就是一个发现天赋然后兑现天赋的过程。

怎么找到自己的天赋呢？比较难，但是有线索——我们需要找到自己非常感兴趣的事情。

有些人从小就知道自己要想做什么，但是大部分人还需要时间去寻找，并不能一开始就知道自己要做什么、要从事什么工作。比如现在很多大学生，毕业后并没有从事与自己所学专业相关的行业，进入职场五年后还在从事自己的第一份工作的人就更少了。

而"好奇心"就是最好的线索。

能让我们兴奋起来的事情，是分阶段的。小时候我们可能会为自己画出一墙好看的黑板报而兴奋，或者在老师出了一道鸡兔同笼的题目时陷入思考，又或者在大学里热爱组织活动，进入职场后发现自己谈客户的时候得心应手……记住这种好奇的感觉，它会指引你找到想去的地方。

另外，好奇心是可以培养的，除了自我实现，群体认同也是很好的滋养。当你知道了一些别人不知道的知识，当你能做到别人做不到的事，可以在人前显圣、高谈阔论，收获羡慕、钦佩和赞扬，记住这种体验感，这是人的顶级需求之一。持续用这种感觉滋养好奇心，可以让你更有钻研和多方涉猎的动力。

好奇心可以帮助我们发现偏爱。

1.2.5 偏爱是线索

我们常听到一些励志的语句："唯有热爱，可抵岁月漫长""唯有热爱，方得始终""永远年轻，永远热泪盈眶"……

但是拥有这样的心态又谈何容易呢？大部分人，并不能做到热爱，不仅没有信仰，甚至连梦想都没有。所以，也许我们不需要追求热爱，只需要发现偏爱，甚至只是找到不讨厌的事，就已经足够。热爱是长出来的。

不要急，静静地回忆一下，从小到大，你对哪方面有偏爱，被人夸得最多的地方是什么，你帮到身边人最多的事是哪些事，做哪些事让你不讨厌，甚至有点喜欢……这些有可能就是你的天赋所在。

再想想，"不消耗"也是很好的线索。举个例子，每个人起床时的初始能量是固定的，你可以把它想象成 100 滴的血条，做自己喜欢的事只消耗 1 滴，做自己不喜欢的事则消耗得多一些，可能需要 10 滴。

有的人写一篇文章要消耗 50 滴血，有的人却可以一天发 3 篇，还能在写的过程中被滋养、回血，说明写文章是后者的天赋。有的人做琐碎的整理工作要消耗 50 滴血，做统筹安排却只需要 5 滴，说明他的天赋不是整理，而是统筹。有的人待人接物非常消耗心力，与人见个面、聊聊天，就能耗尽自己的精神能量，需要独处恢复，有的人则反之，说明前者适合独处，后者则具备社交的天赋。

如果做一件事会持续消耗你的精力，就要远离它；如果你做一件事不仅感觉不到消耗，甚至觉得很爽、被滋养，这就是天赋的线索，也许就是你的天赋所在。

除了正确的方法，找到天赋还需要很大的运气，科学地说，运气其实是一种概率，我们必须用数量去对抗概率，让自己的日常生活覆盖足够多的可能性，并结合有意识的思考，叩问内心，才更容易尽早发现天赋。

如果你找到了一种天赋，深入接触时却发现是错觉，该怎么办呢？

其实，自己最好骗，自己也最难骗，你可以试着多问问自己："我到底喜不喜欢现在的工作？"允许自己说"不"，但是别给自己太多说"不"的机会，并且珍惜自己说"不"的机会。因为随着年龄的增长和所处社会阶段的不同，人生的容错率会越来越小，试错成本也会越来越高。只有珍惜说"不"的机会，才会在做选择的时候，思考得更加深刻。

相信自己的感觉和学习能力，当我们对一个领域越来越熟悉，它应该变得越来越有趣，我们应该愈发得心应手，如果没有，说明它可能不太适合我们。所谓"确定性"，其实就是找到对自己的人生有用的事，重复做，并发现无用的事，终其一生去避开它。

如果运气好，找到了自己的天赋，又要怎么兑现它呢？这个过程并不容易，需要投入压倒性的时间和精力。所以，我们需要保护好自己的斗志，这是我们成长的源动力，就好比钢铁侠的方舟反应炉一样。

首先，物理意义上的保持斗志，需要一个健康的身体。我们是用身体思考的，没有好的身体，就没办法保持续航。如果你有时候发现自己的状态不好，心情很颓丧，除了具体的事情让你受挫，也可能是因为身体出了问题。

另外，错误地对标、跨层级地制订计划，常会造成骤然或断续的挫败，我们的斗志也会因此被消磨甚至摧毁。

还有一种很常见的情况，就是很多人经常做事只有三分钟热度，我们可以尽量让自己在三分钟内拿到结果。努力三分钟，就有三分钟的确定性。今天去跑步，你就一定会瘦；今天努力学习，你就一定会有收获。一开始，不必以某个KPI（关键绩效指标）为明确目标，找到"做一点是一点"的感觉，当一个又一个微小的正反馈建立起来的时候，你就会有成就感和收获感，这就是确定性。

做好手头的事情，不断地拿到结果，斗志得到滋养，我们得以更加高效地完成更难的任务，同时获得更多的滋养。这有助于你对抗焦虑，得心应手地去获取下一个结果，进而形成"天使循环"。

1.2.6 成功的惯性

有的朋友会说："如果没有做好，没有拿到结果呢？是变成恶性循环了吗？"这时候可以尝试切换任务的难度。遇到困难卡住的时候，"硬刚"是非常消耗人的，此时往后退一步是很好的选择。

不登高山，不显平地。不要怕走回头路，不要怕吃回头草。遇到陡坡，硬往上爬可能会累到筋疲力尽却爬不过去，往回退几步，更能看见全貌，说不定可以发现旁边有条更加稳健的路。甚至逃避也是一种办法，遇到一个实在搞不定的问题，你已经开始有了狂躁的迹象，就需要停下来，静一静，逃去你的"心理安全屋"。

通过完成擅长且耗费体力与精力的小任务，来取得可视化的成功，这就是安全屋效应。安全屋效应的原理，不仅与心理上正反馈机制的促进有关，也与生理上内啡肽激素的助力有关。设计并完成这些小任务，能让你感受到对生活的掌控感，从而更有力地面对问题、解决问题。

我的心理安全屋里放着很多对成长有帮助的小任务，比如背30个单词、看完一场 TED 的演讲、跑步 5 公里、游泳、健身，甚至静下心来删掉几个没联系的微信好友等。每当陷入低效率的消耗状态，我就会停下来，完成这些小任务，找回对工作和生活的掌控感，调整之后再去攻坚。

自我实现，需要持续地拿到结果，我们都是普通人，需要不断的正反馈刺激。你心里清楚自己在做的这件事，是不是"有用"

的，只要一直在做"有用"的事就好，其他的交给一线的体感，交给成功的惯性，交给这种"匀速前进"的美。找到这种感觉，就有更大的可能去兑现天赋。而伟大的成功本就是由一个个小的成功像滚雪球一样堆起来的。

成长在一开始的时候总是线性的，"匀速至美"，这个阶段不要急，只要方向是对的，一定能等到属于你的加速度，迎来非线性成长（图1-7）。

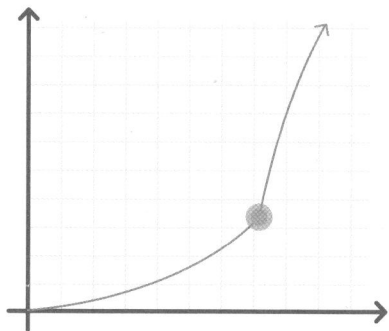

图 1-7　非线性成长

1.2.7 解构痛苦

"只要你能吃苦，你就有吃不完的苦。"

确定性成长的过程中，我们需要一些有目的的思考，而不是无意义的辛苦劳作。重复不是持续，低效的重复是在用生命诠释无效做功，是痛苦的，而在执行中完善，在增长中修正，显得更为高效。学会区分痛苦的正负属性，才能避免这种内耗。

负面的痛苦是指那种毫无意义且不断循环的痛苦。比如：闲愁最苦——无所事事,看不到希望的苦;负能量最痛——我没用,我是个废物,我不配活着等,这类情绪黑洞的痛。

工作如果令人痛苦挣扎,则不一定是坏事,就像在跑步时呼吸困难不一定是坏事一样,这取决于我们跑得多快,痛苦的感受能提醒我们是否该慢一些、稳一些,又或者是突破极限的征兆,提醒我们咬咬牙就能迎来酣畅淋漓的成功。

健身的时候肌肉的那种酸痛,认知提升过程中切换思维方式的那种阻塞,也很苦,但相比之下,是否令人甘之如饴?这就是正面的痛苦。如果能换来确定性的好处,那么我们将毫不犹豫地"自讨苦吃",吃个半年一年的苦,找到自己变强的节奏,总好过继续忍受几十年不快乐的人生,这么简单的算法,人人都会。

在"自讨苦吃"之前,我们首先要正视痛苦,让我们用图1-8来试着拆解一下所谓的痛苦。

图1-8　身心内外的痛苦

成长中的痛苦，我们可以用这四个字来概括：身、心、内、外，下面简单拆分一下正面的痛苦与负面的痛苦。

身，就是和身体、物质相关的。

正面的痛苦就是：锻炼中的酸痛乏力、减脂期可控的饥饿、卧薪尝胆等。负面的痛苦就是：先天的硬件水平或后天带来的伤害、不可逆的缺陷。

心，就是和心灵、精神相关的。

正面的痛苦就是：学习很苦，创业很累，追求美好不得，自我实现受阻时达不到预期的惋惜，驱使上进的羞耻，探索中咬牙前进的煎熬等，这些适当的、能带来自我提升的痛苦。负面的痛苦就是：单纯的、不可改变的、难以消除的痛苦。童年的阴影、抑制不住的嫉妒，被打压、抨击，生活没有目标，没有追求，找不到生命的意义，自我否定的苦，都属于这一类。

内，就是内在发生的、主动的。

正向的痛苦就是：每天运动，早起，学习，对自己的道德规范，以及一些主动的自律行为。负面的痛苦就是：内耗，自我伤害，只能产生负面情绪却很难催生出积极行动的痛，错误的归因、过度的苛求、超越能力的对标、过分的解读，自残、自闭等。

外，就是外界输入的、被动的。

正面的痛苦就是：舆论带来的反思与激发，让自己更能理解这个世界而让自己变得更好的阵痛。负面的痛苦就是：谩骂、批评、背叛、不被理解等来自他人的恶意，消极的能量，只会消耗我们的心力，并不能让我们变得更好的痛苦。

当然，水无常势，人生是旷野，真实的世界往往复杂得多，个体的痛苦，他人无法感同身受，且我们无法避免由各种原因造成的痛苦。既然不可避免，不如主动面对，勇敢远离负面的痛苦，尝试与自己和解，消除负面的影响，想办法将其转化为正面的能量。

人生来就是苦的，不吃这种苦，就要吃那种苦，人就是要在苦难中寻找幸福和快乐。正如你不吃学习的苦，就要吃生活的苦，不吃工作的苦，就要吃社会的苦。

"有生皆苦"，这个佛家真谛并不是悲观主义，你可以把人生痛苦的总量当作一个固定值，当你接受了这个概念，在遇到坎坷波折的时候，就不会心态失衡。

俞敏洪老师说过："如果你坚定地认为人生来就应该是幸福快乐的，那么遇到痛苦和挫折，你会感到特别痛苦；如果你认为生而为人，就是为了迎接痛苦和烦恼的，那么遇到痛苦和烦恼的时候你会心平气和、得心应手。"

因此，正视痛苦、归因痛苦、理解痛苦、转移痛苦、解决痛苦，这样的路径显得更为合理。痛苦是抽象的、主观的、不确定的，它的反面是具体的、客观的、清晰的。对自己少一些苛求，少一些对比，多一些行动，多一些具体，才能更清晰确定地做好自己。

怎么让自己开始呢？

晓之以理，诱之以利，迫之以耻，这三部曲可以为你带来更多的确定性。

晓之以理，就是主动靠近优质的信息环境，包括多读书、多看好内容、多接触比自己段位高的人，用开放的心态去接近成长的真相。

诱之以利，就是多驱动自己的欲望，想想要给自己、给父母、给爱人一个更优质的生活体验，具象化到"唯美食、美器、美人不可辜负"。只有向上生长，才能看到高处的风景。

迫之以耻，就是用"羞耻心"这个很好的助力敦促自己，找到它、珍惜它，被自己的羞耻心推着走反而更勇敢。

只要把这三条原则用好，我们就可以更加确定地直面痛苦，越过束缚心灵的沼泽，一步步把生活过成理想中的样子。

1.2.8 复利人生

我们又要如何确保每一步都走在正确的路上、把正确的事情做正确呢？

具体表现在哪些方面的提升呢？在我的世界观里，分为"技能""人""钱"和"影响力"这四个维度（图1-9）。

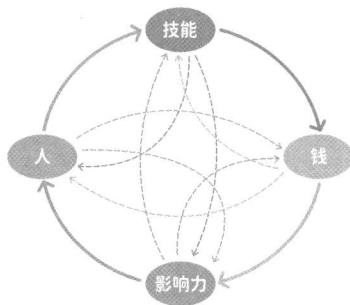

图1-9 复利人生的四个维度

技能：何以谋生，一技之长。

人：包含亲情、友情、工作伙伴、生活同伴等在内的关系的建立与维护。

钱：财富、价值、购买力。

影响力：调动人、财、物的能力。

而且，这四个因素之间是可以互相转换的。

技能，可以赚到钱，可以笼络人，可以做出影响力……

人，可以帮你赚钱，补足你技能的缺失，也可以撑起你的影响力……

钱，可以组建团队，可以用来提升技能，可以换来影响力……

影响力，可以笼络人，可以变现，也可以让你获取更多技能……

而且，它们都是有复利的。我们可以初步把有人生复利的行为或决策定义为正确，这四个因素所带来的复利就是技能复利、钱的复利、人的复利和影响力的复利。

技能的复利，就是那种一旦学会、终身可用的技能。比如说写作能力、演讲能力、商务谈判能力，这些都属于技能的复利。

钱的复利，简单来说，就是要想办法让你对资源的购买能力跑赢通货膨胀的速度。每年生产资料都在涨价，比如场租、人力、买量费用等。同样的钱，在新的一年里是换不到同样的生产资料的。

人的复利，这里的"人"，包括你的客户、渠道、上下游、团队。比如，有复利的客户可以定义为：发生过金钱交易，且留在你的即时通信工具上，能够再次触达的客户。相对应地，那些没有再次链接的商业前景、无法通过积累的渠道实现再次交易的一次性客户，就属于几乎没有复利的客户。

举个例子，假如你是一个淘宝卖家，过去一年卖了 700 万单，理论上你有 700 万个客户。然而，这些客户是你的吗？并不是，他们是淘宝的，你对再次触达他们非常无力。这时候，如果你选择换个类目或者平台，等于是推倒重来，这一年积累的客户、上下游与渠道基本等于没用。

影响力的复利，就是调动人、财、物的能力始终在增长。小到个体、公司，大到社会、国家，在这方面都是一样的。那么，到这里，聪明的大家一定想通了一件事，就是这四者都是会贬值的，是一直需要对抗通货膨胀的。

技能和钱都好理解，那人和影响力呢？

很简单，比如说你的客户，如果你不与他持续发生链接或交易，那么你的客户价值就一直在贬值；比如你能带领团队打胜仗，那么团队的作战能力就会一直提高，如果打不了胜仗，慢慢地，他们的战斗力是会降低的；公司团队也必须持续学习才能跟上节奏，但是能跟上节奏的团队是很少的，有很多大公司成功的时候，最初的团队元老已经所剩无几。

影响力的通胀就更加好解释了。比如说我跟你很熟，今天我向你借 5 万元钱，你会借给我，我认识 100 个你这样的朋友，那么我能借到 500 万元。我的影响力价值约等于 500 万元。可是，明年的今天，我同样和这 100 位朋友开口借 5 万元钱，由于业态的变化、市场的波动，很多朋友可能已经没有 5 万元钱可以借我了。那时候，我和他们之间的感情没变，信任没变，但是他们已经无法再借给我 5 万元钱了，所以，影响力也会贬值。

我们再来做一个测试，问题是"你对现状满意吗？"很多人的答案可能大部分是否定的。而当被问到"今天的你比去年今天的你进步了吗"，很多人会茫然，有些人会坚定，但就算是坚定的那些人，如果被继续追问"是哪些具体的进步呢"，也会含糊其辞。这些都是对生活没有掌控感的表现。掌控感一定是具象化的。

那么，为了对抗通货膨胀，实现确定性成长，可以有一个这样的计算公式送给同为普通人的你我：一个成功且走在正确道路上的人，其技能、人、钱、影响力这四者相乘所得如果是上一年的 2 倍，那么就算及格；如果是上年的 3 倍，那就是完美的一年。

那要怎样计算每个因素的增长呢？

举例来说：今年你的技能没什么成长，就算作 1，赚到的钱是去年的 1.5 倍，有效客户或团队人效是去年的 1.5 倍，影响力是去年的 1.5 倍，相乘总共就是去年的 3.375 倍，这就是合格甚至完美的一年。

如果你没有做影响力的增长，或者是自由职业者，没有团队，那么你这一年的因素指数就当作 1。计算过程中你可以直面内心，有就是有，没有就是没有。

你的团队（甚至可以包括云协作的团队）、磨合过的供应商、外包的设计、开发团队等，磨合后能效提高了，都能算作你的团队增长。

所以，我们想要对抗熵增，持续精进，记得要始终保证这四个因素的稳定增长。只要在这四个方向发力，保持增长，那么你的人生将会迎来前所未有的确定性。

读到这里，我相信你的心中已经埋下了一颗确定性成长的种子。那么针对这四个元素，分别应该怎么操作呢？且听我往下说。

二
技能

2.1 技能是什么

由于本书的设定是一本功能属性偏强的书，所以，我们可以把技能分为两种：输入能力和输出能力。

输入能力，也就是接收这个世界信息的能力，比如学习、搜索、考察、分析、思考、总结、归纳、逻辑思维等，也包括自控能力，即个体对自我的掌控能力，比如包容、感知、爱、自律、愿景、情绪调节等技能。

输出能力，也就是与这个世界交换信息的能力，比如沟通、说服、表达、演讲、教授、写作、领导、销售等，包括一些职业技能，即普遍意义上的个体赖以谋生的专业属性强一些的技能，比如理发、看病、开车、科研、投放等技能。

当然了，这个分类不是那么严谨，只是方便大家捋顺自己的状态。

我们也可以功利地把技能分为主技能和辅助技能。比如写作、沟通、学习和思考，就是主技能；图片编辑、剪辑、配音、财会等这些，就是辅助技能。

比如一个超级个体只要符合以下三个条件：有一技之长，会搞流量，还具备销售能力，就是"王炸"了。

另外，我们也常听到用"有没有本事"来判定这个人厉害与否，这里的本事也是技能，我们可以按照场景将其分为两种。

一种是用自己的技能创造价值的本事，也就是专业技能，比如琴棋书画、运动全能、对数字或数据敏感、结构具象化能力、抽象能力等；另一种是能够联动勾兑各种资源，加速资源的流转，提高效率，以期创造价值的本事，比如善于表达、沟通、有号召力、自我管理、让人信服、讨喜等。

以上三种分类只是在展示一种思考的路径，你现在可以拿起笔，试着写下你觉得自己拥有的能力，能写几个写几个，尽量穷尽，然后一个个删，删到最后剩五个左右舍不得删，大概率就是你的常用技能了。

然后给这五个技能打个分，尝试通过相关的工作实操，刻意且持续地练习，把你的主技能磨炼到具备一定的相对优势，就会在生活中拥有更高的确定性，以期成就事业。

除此之外，也可以借助一些测试工具，比如去找心理测评师进行综合评估，或者做 MBTI 职业性格测试、盖洛普测试等，这些能够帮你更好地剖析并面对真实的自己，找到更多适合自己挖掘、深耕的技能，去获取更多的确定性。

2.1.1 T形战士

上文说到天赋的重要性，人的成长，就是一个在执行中发现天赋、兑现天赋的过程，所以发现天赋很重要。

打个比方，打过游戏的人都知道，在新手村的时候，人们把天赋点点在了哪里，就在哪里投入熟练度，如果一个魔法师把技能点数都点在了体力上，这个魔法师就废了，根据属性练级出装才是王道。正如你不能让奥尼尔去当组织后卫，也不能让库里去争"篮板王"，哪怕再怎么训练也没有用，都是无效做功。

基于上文穷举自己掌握的技能的尝试，这里再给大家分享一个T形图，大家可以通过这种方式进行自我分析和执行，梳理自己的方向。

如图 2-1 所示，在 T 形图的左边写上你自己喜欢、掌握或者擅长的技能，不管是否特别厉害，都可以写下来，然后再一一划去，在右边写下你听说过、身边有资源，且你喜欢的项目，然后一一划去。最后左边和右边分别剩下三个，舍不得划去了，你就基本清晰自己当下想做什么和能做什么了，再精细化分析一下就可以开始执行了。

划去的过程中，你必须直面内心，争取找到自己真正喜欢和擅长的技能。

2.1.2 钝感力

在填写图 2-1 的时候，很多人一定有过犹豫和纠结。是的，方向太多，想法太多，对机会太敏感，不一定是好事，敏锐并非在任何时间都是好事，要分阶段看，人在专注的时候需要一定的钝感来屏蔽外界的干扰。

擅长/喜欢的技能	项目库

图 2-1　T 形图

　　在找方向的时候，敏锐、果敢是优势，但找到方向开始冲刺之后，还这么敏感，就是干扰了。守城阶段需要定力，需要屏蔽喧嚣，做纵深，做价值，才能做出有复利的护城河。

　　硬件技术的发展带来了信息的丰富，手机屏幕越来越大，浏览体验越来越好，网速越来越快，算法的飞速发展使人们每天能获取的信息越来越多。这一切让人们的注意力逐渐被打得稀碎，专注变得越来越难，这时候，我们在技能成长的领域就要重视一种能力，就是"钝感力"。

　　所谓"钝感力"，并不是迟钝，而是一种态度，相信匀速前进的美，有抵抗诱惑、摒弃杂念的勇气。

我们先来看一个词："当前最优解"，即我们的软硬件决定了我们当前阶段能够且合适做的事，这是固定的。

跨层级的对标只会导致断续的挫败，从而开启焦虑的情绪黑洞。比如，我们常会办健身卡、游泳卡，参与各种打卡营，立各种目标，买各种书，上各种课，以期一蹴而就，而最终能够达成的又有几个呢？要知道，大部分人在大部分时候，买书的爽感在于买，知识付费的爽感在于付费，收藏等于看过，看过等于学会，而这些大多只是在用生命诠释无效做功。

此外，"干扰项"也是阻碍自身专注力提高的重要因素。干净的信息源，本身就不容易获得，人们对信息的摄入是基因深处的需求，但这并不是真相。真相不是邻居大妈的亲身经历，不是朋友的股票账户，不是某个博主大V的操作后台，不是某个平台上仅凭几张截图渲染出来的故事。社群和网络上有各种嘈杂的信息，今天鼓吹这个风口，明天叫嚣那个红利，但这并不是我们应该追逐的方向。

我常听到"微信没有梦想""百度已死""珍爱生命，远离淘宝"之类的言论，其实作为渺小的个体，是没资格评论一个平台级的机会的，平台变化再大，也容得下个体的百花齐放。注意力的分配能拉开人和人的差距，现在很多事情都是这样，入门容易，精通很难，这才是世界的常态，没想明白"事上磨"的道理，一味地跟风，期待自己踩中一个大的机会红利，往往就会陷入迟迟不行动的泥淖当中，白白蹉跎了岁月。

是的，普通人赚钱，不看宏观。我们要始终知道自己当前的软硬件能做什么，什么才是当前最优解，要对陌生领域保持敬畏，摒弃喧嚣，专注自己擅长的内容，冷静地分析自己与外部世界之间的关系和所处的位置，简单务实，勇于探索。

成长是一场无限游戏，是一场你知道要去哪里，全世界都会给你添堵的战斗。自我认知不是易事，如果你能清晰且深刻地认知自己，就能更好地分析自己与社会的关系，找准自己的位置，争取达到一通百通的状态，找到自己的相对优势，如此未来便没有失败，只有即将到来的成功。

2.1.3 技能的内化

在我的世界观里，信息—知识—技能的路径如图 2-2 所示。信息泛指内容，就是你看到、听到、感知到的信息，只是接触到，基本不属于你，因为太容易被遗忘，这是自然规律。只有刻意去记、去思考，并想办法消化，一直到这个信息能指导或者改变你的行为，才可以称之为知识。

能指导和改变人们行为的信息，才是知识，但这时候还不能称为技能，我们还需要不断地模仿，刻意练习、实践和犯错。通过解决问题，我们会对技能有更深刻的理解，同时也会发现这个技能的适用场景和局限性，需不需要其他技能来辅助。而这个过程中，越是吃过亏、踩过坑的人，对知识的掌握便越迅速。

你的某项技能越熟练、掌握得越充分，就越知道要去获取哪些信息作为补充和辅助，完美的闭环就此产生。

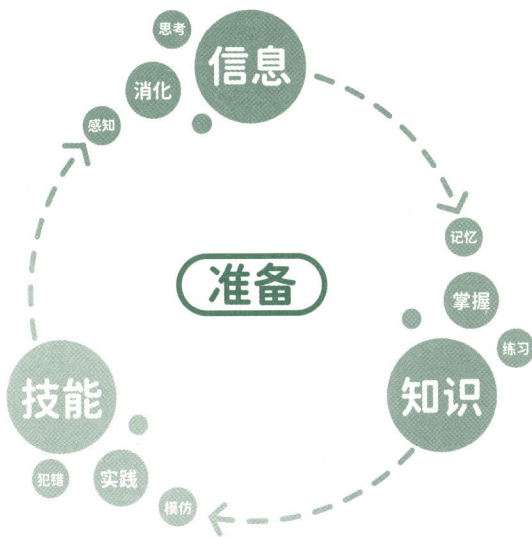

图 2-2　"信息—知识—技能"路径

"所谓专家，就是在某个领域踩过几乎所有能踩的坑。"自己最好骗，也最难骗。简历上，你非常有底气、能内心毫无波澜地写上去的精通的技能，就是你真正的技能。

2.1.4 底气与准备

一切底气，都来源于充分的准备。举个例子，不管你有没有演讲过，现在让你面对 500 人做一次路演，你会紧张吗？我想大部分应该都会吧。但哪怕现在是在红磡体育馆，哪怕底下坐着 10 万人，让你上台背诵"床前明光月，疑似地上霜"，你也不会背错。二者的不同之处，就是底气。

底气来源于充分的准备。准备是实力的一种，有准备就是有实力。

这个过程用一个大家很喜欢的词来表达，就是"内化"，即你所学的技能完全属于你，就像背诵"床前明月光，疑似地上霜"一样熟练，永远不会忘记，张口就来，这就算初步内化了。再能做到每次在应景的时候吟出来，甚至还能带上感慨，就代表更熟练了。要是能自行改动，发散关联一下，举一反三，那就算炉火纯青了。

从输入，到思考，到沉淀输出，到引申、举一反三，到学以致用、活学活用，再到驾轻就熟、具体问题具体分析，这就是技能的内化。

正如杨绛先生所说："知之者不如行之者，行之者不如常行之者。"躬身入局，把手弄脏，在做事中磨炼自己，看再多游泳视频，也要自己能下水游泳才算会。不要怕犯错，犯错是学习的代价，是内化的必经之路，最起码犯错意味着你已经开始了实践。

正确约等于不犯错。知道什么地方不该去，于是更能去往应该去的地方；知道什么事情不能做，于是更能去做该做的事；知道哪些行为是错的，于是更能接近正确。这就是"确定性"。

2.1.5 盒子魔法师

为了表达得更形象，我们可以尝试接受"盒子"的概念。

"盒子"是一个处理器，输入一定量的信息后可以输出结论或者解决方案。你的认知和思维模型就是你的处理器，我们说谁"认知高"，就是说他的处理器厉害。

对于普通人来说，认知模型可以理解为看待事或物的逻辑，也就是：what（定义器），why（诊断器），how（工具箱）。通过反复叩问这三项，以期解决问题的过程，就是你的"盒子"发挥作用的时候。

我们用一个例子来更好地理解一下这个有趣的概念。比如鼠标就是一个盒子，你不需要详细了解滚球、光栅信号传感器、感光芯片等零件是怎么运作的，只需要确定性地知道左键是确定、右键是菜单，就可以得心应手地使用它。

同样，大到热力学定律、实用主义哲学原理或者二八定律、羊群效应，常用到PS（一款图像处理软件）、视频剪辑软件、WPS办公软件，小到和长辈碰杯时酒杯要稍微低于长辈的酒杯，或者朋友给你倒茶，你会用手指轻敲桌面，包括女士优先，礼尚往来等日常生活中的各种场景，各种约定俗成的规则，这些应对方式都是你的"盒子"。你甚至不需要知道运作的原理，不需要知道为什么，就会自然而然地用在应该用到的地方。

你的"盒子"多不多，用得熟不熟练，有没有特别厉害的"盒子"，有没有别人没有的能力，决定了你是否强大。

有趣的是，一旦知道了这个概念，就回不去了。在心中埋下这样一颗种子，我们不妨大胆一些，如饥似渴地去学习，去拥有更多的"盒子"。只要你当下觉得某样东西可能有用，就去学、去记、去刻意练习、去掌握、去拥有。也许有些"盒子"拥有了之后，暂时用不着，但你要明白，学习有着极强的滞后性，成长之路上的每一次顿悟，就像你以前射出的子弹，多年以后也许会击中当下的你。

以这样的心态学习和提升自己，我们才能不加戏、不内耗、更加纯粹地去追寻那一点点确定性。

2.1.6 以教代学

"传授"是一门顶级的技能。通过刻意练习达到能"以教代学"的状态，对自身技能的学习和精进很有帮助，同时能够锻炼我们表达、沟通和说服的能力，还能够为将来做出影响力奠定基础。

不管你现在是学生、职场人还是创业者，了解这一点，都能够更加高效地掌握一项技能。

举个例子，假设你现在进入了一个新的行业，做一名销售员，想要对业务有深刻了解。其实你可以在短时间内快速缩小与别人的差距——只要梳理一遍行业内的百问百答（当然，必须是自己梳理，每个字都必须是自己写的），再跟 2 ~ 3 个精英销售聊一个下午，然后根据你从中所得的经验实践一阵子，同时不断更新你的百问百答手册，就可以熟练掌握业务的关键点了（图 2-3）。

在梳理和迭代百问百答的时候，你只需要加一个假想的画面：下周公司新人都由你来培训，或者直接传授给你的同期新人同事，这样就能非常高效地提高你做出来的百问百答的质量。这是真正从初学者视角出发的、没有知识的诅咒也没有认知茧房的行业执行手册。

再来举个例子，假设你现在是个情窦初开的大学生，下周隔

现在写书、出版书，还赚钱吗？	如何与书店或分销商建立合作关系？
最快多久能写一本书？	写书是否需要专业的写作背景或经验？
写一本书能有多少版税？	各大互联网平台的销量占比，哪个平台最适合新手？
写书时最好用的编辑软件是什么？	如何确保书籍的内容质量？
普通人想出版一本书为什么这么难？	如何保护书籍不被盗版？
想要出版一本书最少要写多少字？	是否应该考虑多媒体或增强现实元素的融入？
出版一本书到底是怎样的一种体验？	评判畅销书的标准是什么？
写书对于个人职业发展有哪些好处？	如何在书中结合社交媒体趋势和热点？
写书的过程中如何保持动力和创作激情？	在数字化和移动化时代，纸质书籍还有其独特价值吗？
是否应该请教专业编辑或写作导师？	如何将个人兴趣或爱好整合进书籍内容？
书的销售定价由谁确定？如何设定合适的价格？	在信息爆炸的时代，如何确保书籍内容的深度和价值？
如何策划和组织书中的内容结构？	出书需要实名吗？普通人有资格用笔名吗？
写书后如何有效地进行市场推广和宣传？	是否有必要为书籍创建专门的社交媒体账号或网站？
如何处理不满意或负面的书评？	写书的过程中，如何处理创作和商业之间的关系？
自己写书后如何上架到各大互联网平台？	写书的过程中，如何应对自己的恐惧和不确定性？
如何利用网络平台进行自助出版？	如何确保书籍内容的真实性和深度？
出版书籍后如何维持销售势头？	在写书的过程中，是否应该考虑目标读者群？

图 2-3　百问百答示例

壁班的女生等着你去给她们讲解电磁波的传播，我相信你一定会在这个准备过程中连麦克斯韦的奇闻轶事都背到滚瓜烂熟。

其实，不管是烘焙、电商、亚马逊还是小红书等平台，只要假想你要教给你的朋友或者爱人，你会怎么开始教，会怎么去设计一份 SOP（标准化流程），就很容易快速将自己对这个技能的理解拉高到一个可以教人的水平。哪怕没有达到这么专业的程度，在教的过程中，你也一定会有更深刻的理解。

再举个例子，假设你现在是一位管理者或创业者，准备教会你的团队怎么做业务，你会怎么教？

有个方法很好用，叫作"持续产生高效"。假设你的团队有5个人，先找一个最厉害的业务员坐在桌子前，你假装成客户，就在会议室面对面地尽情刁难他，看他怎么应对。在半小时到一小时的时长里，你尽可能地穷举问题，让剩下的4个人在旁边围观。提问完毕，让另外两个人一个扮演客户，一个作为业务员本色演出，扮演客户的那个人要尽情刁难业务员，以此循环，持续三天，每次都做好记录和整理。

最后，把最难答的问题或者从不同刁难者的不同视角和出发点灵机一动想出来的问题，都补充到"百问百答"里。这样的训练量、信息量和效率是自己闷头学的10倍以上，只需要3天，就可以基本确定这5个人能不能被培养得很优秀，如果其中有明显掉队的人，建议淘汰掉。

通过反复使用这个办法，一周一次迭代，开始密集一些，之后每周起码进行一次，坚持两个月，你的团队将拥有对这个行业的业务细节的顶级理解。

这不是形式主义，而是销冠之路。当你熟练掌握了这样一门"传授"的技能，未来就可以在各大平台和媒体去输出你的内容，建构你的影响力，并拥有极强的底气。

要知道，90分的人教70分的人，70分的人教50分的人，反而更为合适，跨太多水平层级反而会让教学效率下降。让李宗盛来教我弹吉他，他会教得很累，因为我和他的音乐水平相差悬殊；一个天赋普通的人想要学绘画，最好的选择肯定不是让达·芬奇来教，而是去小区门口的兴趣班学习。这样循序渐进的教学方式更符合学习规律，有助于稳步提高学习者的能力。

如果你只能孤身一人，也可以尝试对想象中的某个人传授知识，或者直接用文字复述你的所学所想，慢慢地就真的能将学到的知识内化成"我会如何去表达这个知识点呢"这样的深刻体感。

要知道，输出知识和技能的角色就是传道授业者的角色。准备和教会别人这个知识的过程，不仅可以提升自己学习的悟性和效率，察觉自己的知识阻塞点，进一步打通已经学会的内容，让它们与已有的知识体系建立紧密而有益的连接，让自己真正达到能传授他人的水平，还能够拔高自己对这个知识系统的理解，连点成线、成体系，并与原有的思维框架、社会经验、实操案例相互打通，建立联系。

在"传授"的过程中，你对知识的印象会更加深刻，且对方一定会提出质疑、追问，在答疑的过程中，你自己又可以更加深入地完成对所学知识的理解。真的高手，是经得起追问的。

2.2 技能的获取

2.2.1 "一万小时定律"错觉

作家格拉德威尔在著作《异类》中提到，人们眼中的天才之所以卓越非凡，并非由于天资超人一等，而是因为付出了持续不断的努力。一万小时的锤炼是任何人从平凡变成世界级大师的必要条件。

我并不完全认同这一观点。

首先，我们要明白，在这个时代，大部分技能的差距是可以量化并且快速缩小的。信息丰富的时代有着大量的精细教程，我们只需要付出很小的成本，就能学到诸如视频制作剪辑、图像处理、新媒体运营，甚至写作、演讲、流量运营等好用的技能。

普通人常常被劝退，不敢深入学习某些领域的技能，第一个误区就是根深蒂固的"一万小时定律"。

醒醒吧，需要肌肉记忆和肢体协调的技能才需要这么做，比如弹钢琴、学习语言、球类运动等，而且并不是每个技能一定要学到登峰造极才算具有学习的价值。一专多能型的人才、一套均衡且能够相互支撑的技能在这个时代更为有用。更重要的是，很多人忽略了天分的占比，实际上，努力和勤奋只能让人入门，最多学到一般的水平。如果想要在一个领域内成为出色的专家，别说一万小时，普通人就算努力学习十万个小时可能都没用。

你身边如果有艺术或音乐行业的朋友，他们可能都会严肃地告诉你，有所成就都是老天爷赏饭吃，努力是最基本的，也是最微不足道的，需要建立在天赋之上。

"一万小时定律"从底层的逻辑上就是不成立的。"天才是百分之一的灵感加百分之九十九的汗水"，这盅"老鸡汤"大家都"喝"过，但是很少人知道这句话的后半句是"但那一份灵感往往是最重要的，甚至比那百分之九十九的汗水都重要"。

如果一个人的肺活量不好，大概率无法成为一个游泳健将；

如果一个人长得不好看又口吃，大概率无法成为一名演员；如果一个人长得又瘦又矮，大概率不能当一名篮球运动员……嗓音条件好，才适合当歌手；口才好，才能更好地当一个销售员；逻辑思维缜密，才能更好地学习数学相关的学科……这些才是客观世界的真相，更是自然界的铁律。不愿意接受真相的人往往会在事倍功半的路上越走越远。

可能你会质疑我："你置努力于何处？"我并没有否认努力的价值，但在成年人的世界里，努力是最基本的要素，却也是对成功有些微不足道的元素。仅有努力，却不能客观、务实地评估自己的学习能力能否适应这个领域的工作，这样的努力仍是无效做功。

2.2.2 技能的基本面

为了得到更多的确定性，我们在做选择的时候还要考虑技能的基本面大不大、应用场景广不广，以及是否有复利。

如果你在某个电商平台工作，即使你努力学习某一项投放技能，达到确实很厉害的水平，这样的技能局限性也太强了，只是一个小规则体系下运作的技能，你如何确定可以在这个平台靠这个技能立足一辈子呢？别说一辈子，你甚至不能保证 5 年后仍然在做这个行业。倘若到时候换行业了，你这 5 年积累的技能和经验到底算什么呢？

虽然你也可以横向发展，去了解业态，去深挖各个电商平台的底层运作逻辑，但你有没有想过，再怎么挖你也是在一个非充分竞争的生态里摸索，在一个人治为主，需要始终保持敏锐、机动、对抗，需要不断拥抱变化的平台里深耕。而且，各个平台之间的逻辑经常是不通用的。总而言之，同样的时间，这种技能的投入产出比是略低的。

有时候为了生活，我们不得不去学习这种技能，但长远来看，这些都属于单一或者辅助性质的技能。所以，我更建议你学习复利高、覆盖面广的技能，诸如写作、交际、商务谈判这些可终身复用，且每用一次就变强一点的技能；或选择那些上手就能用、局限性没那么大、场景多且对自己的日常工作生活很有帮助的技能，比如作图、拍照、剪辑、搜索等技能，并在学会以后持续行动，"事上磨"，逐渐提升对技能的理解，也许可以触及更多、更大的可能性。

通过自己的通用技能赚到的收入更为值钱，为什么呢？因为随着你的技能水平的提高，你能赚到的钱大概率可以成正比地增加；如果你的钱只是因为运气或者机会赚到的，则不具有稳定性，因为运气和机会很难反复地眷顾某个人。

2.2.3 学生思维的局限

很多知识博主喜欢在直播或者开课的时候拿个小白板，在上面涂涂写写；很多训练营喜欢安排一整套流程，发资料—预习—讲解—答疑—实操—复习，并进行这样的循环。这种学习方法的效果确实不错，为什么呢？因为上课、听讲、学习、考试烙印在我们的记忆深处，我们会下意识地去遵循这样的一个路径，这是大部分人的现状。

但这是被动学习。我们经常在被动学习，希望通过学习获取一个正确答案；我们要考试，希望通过考试去证明自己会了。这就是典型的学生思维，但是真实的世界往往并不如此。进入社会后，我们甚至连问题都不知道怎么发现，更别提怎么解决了。而且，真实世界的问题往往并没有标准答案，也没有人再推着你往前走，告诉你要学这个、学那个，给你画重点、讲解，反复检查你是否照做，然后通过考试验证你是否完全掌握了。

要知道，你可以有更多的选择，不再是文理分科或者选专业那么简单了；要知道，努力已经不再是值得拿出来炫耀的东西了，那是社会人最基本的素质，无效的努力除了感动自己，不会有更多实质的意义；要知道，付出已经不一定会有回报了，甚至不一定会有一个好结果；要知道，对错已经不是唯一标准了，观点和立场是两回事；要知道，表扬和夸奖已经不再纯粹了……

理性点说，你的财富就是这个世界对你价值的认可，而等人带你、等人手把手教你，这种事，在职场和社会上都很难遇到。

2.2.4 肌肉记忆

学习技能有个妙招是培养"肌肉记忆"。先开始学习吧，正如歌德所说："鲁莽中蕴藏着神奇的能量与魔力。"

我们拿一个人生级别的技能——"写作"来举例，要怎样在这方面取得一些确定性呢？有个很好的方法，就是每天写1000字。

有很多朋友说自己很难进入状态，那么你尝试了几次？正如我常对团队里的某些小伙伴说的："你的勤奋还不足以验证你的智商，你的执行还没法检验你的创意呢。"意思是他目前的水平还没有到达需要拼智商、拼创意的阈值。有趣的是，只要能开始就已经超越了 80% 的人，而很多人终其一生也没有写满一万字。

我们可以对写作的内容没有具体要求，你所擅长的一切都能写，哪怕是恋爱技巧、去哪里玩、如何做一桌好菜这样的流水账也行，先开始才是最重要的。写了几天的流水账，你的羞耻心都会让你勇敢、让你进步。

如果这样还嫌没有写作的主题，我在这里给你一个好方法，打开知乎看高赞问题，或者打开得到锦囊，尝试和"大神"一起回答同一个问题，第一天写 1000 字，第二天改这 1000 字，再写 1000 字，第三天改第二天的 1000 字，然后再写 1000 字……以此类推，一个月后，你就会形成写作的肌肉记忆，到时候，行云流水不要太简单。

诸如表达、沟通、演讲、谈判等技能也是如此，持续产生高效，从而形成越用越强的"肌肉记忆"。

2.2.5 学会提问

这个世界 99% 的问题都有现成的答案，提问也是追求确定性的高效手段。

当然了，世界上到处都是正确答案，人人都是解题专家。因此，一个好问题在这个时代显得尤为重要。每一个被验证过的精彩答案通常都源于一个好问题。好的问题能让人们深度思考、培养发散思维。

事实上，大部分人连提问的能力都没有，不是不想问，是根本问不出有水平的问题。如果要提升这方面的能力，可以给自己定个提问 KPI，每天强迫自己总结一个问题。也许你在梳理问题的过程中，问题已经解决了；又或者会变成带着答案来提问，以获取更高的确定性。无论哪种方式都行，只要记住这个提问一定要经过思考。

有些朋友不太了解一个真相，就是大部分的人是喜欢被提问的，因为这满足了他们内心深处"好为人师"、自我实现的需求。另外，他们也迫切需要一个好学生的案例或者一个更好的思考角度，好让他们在人前显圣。

古希腊的知识沉淀形式多是问答体，在中国历史上叫"问对"——一问一答即成文。苏格拉底的学说、柏拉图的《理想国》、孔子和其学生的《论语》都是这种形式的著作，问答是最初的探讨智慧的方式。

现代社会的科研和商业行为中，每一个事后被证明优秀的解决方案很多时候都是起始于一个精妙的问题。所以，我认为学会提出一个好问题是每个个体必须掌握的重要技能。

那么提问题有什么技巧呢？首先，千万不要假想对方和你的信息是对等的，相同的问题换个场景会有截然不同的答案。我们要在提问之前尽量把想要答题者知道的信息都准备好，这样答题者才能够更高效地作答。

而且，准备这个问题的过程，能够很强烈地刺激你思考，甚至发现之前被忽略的重要问题，反过来会促进你学习或工作能力的提升。

举个例子，一个不太好的问题是："涛哥，我想推广我的产品，要怎么搞？"那如果优化一下，加上"你的产品属性细节特点是什么""你的用户画像怎么样""你曾经做过怎样的尝试，有没有效果""你想要拿到什么结果"等问题（当然你要举一反三，而不是照搬以上这种提问方式），经过润色之后，就变成了："涛哥，我是卖房的，楼盘偏高端，我们团队有十来个销售，水平都不错，转化率很高，我试过地下停车场发传单、高端商场做广告，但效果并不是很好，我想请教有什么比较好的方式让获客变得更容易？最好是通过互联网短视频平台的方式"，这样就是一个好问题的雏形了。当然了，还不够好，你可以先试试用以下几个词武装自己："what（做什么）""who（谁来做）""where（去哪儿做）""when（什么时候做）""why（为什么这么做）""how（怎么做）"……像这样多思考，你就能够问出很多优秀的问题了。这个方法适用于开会、作报告、总结以及日常的各类请教和沟通中。

2.2.6 长板错觉

各人有各人的用处，各人有各人的长处，说要补短板、拉长板的各种理论也各有各的道理。我个人认为，起码你不能像个"勺子"（图 2-4）。

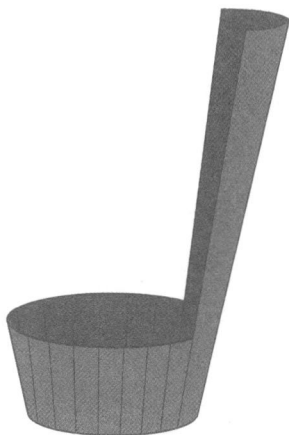

图 2-4　勺形长短板

　　大家常听到的所谓长板效应或者扬长避短等，放到个人成长里也许是很毒的鸡汤——也许人们只想着发挥长处以及长处能够尽快带来的收益，却忽略了短板才是真正能给你添堵的重要因素。短板会给你的人生带来系统性的风险，只想着发挥长处，也许在短时间内能走得很快，但很难走得更远。

　　如果你只想要收益，那么我们来聊收益。假设你的长板是 90 分，那么从 90 分提高到 95 分将花掉你大量的精力，而且受限于天赋等因素还不一定能实现。你的短板只有 20 分，想提高到及格其实没有那么难，这个过程的投入产出比极高，正如大多数人高考失利的原因往往是严重偏科。

　　长板理论多用于团队协作，你觉得你审美不好，不会设计，可以请个设计师。一些无伤大雅的短板也无所谓，比如你觉得自己身体不协调、不会跳舞、不会打球，其实这种具体的小技能不会就算了，对你人生的影响可能微乎其微。但是有些短板还是要补上的，比如沟通能力、写作能力、逻辑思考能力等，补到平均水平，够用即可，然后再去兑现天赋，把优点发挥到极致，这会是确定性较强、较合理的成长路径。

举个例子，电脑有 CPU（中央处理器）、内存和硬盘，如果把人比作电脑，如果硬盘空间很大，那么内存小点、CPU 慢点是没关系的，或者这个人的 CPU 很快，那么他的硬盘和内存小点也没问题，但你不能完全没有内存，不能因为这个世界到处都是内存，便不要内存。短板可以不强，但不可以不改进。

而据我观察，大多数人并不是这样想的，而是会陷入"只要我有一技之长，其他全都不会也无所谓"的错觉。要明白，"功夫在诗外"。

在这个信息丰富的时代，人们的选择越来越多，不一定非得一专多能，但最起码不要在某些关键因素上有着低于标准水平的缺陷，不然人们会觉得和你发生交互会存在系统性风险。

举例来说，有些程序员或者做产品的人技术很好，产品也很好，却认为"酒香不怕巷子深"，其实不该如此，最起码的销售能力要有吧？不然都不知道怎么介绍自己的产品。我见过很多好用的 SaaS（软件即服务）工具，连个使用手册都没有，也见过一个 400 人的软件开发公司连个业务员都没有……这些短板也许不致命，但绝对是桎梏。

当然，你可以坚持认为，只要产品好到极致，它自己就会"说话"，无须费心宣传。但是这两者并不冲突，把短板补到平均水平，是一件投入产出比极高的事，有计划地补上可以让你走得更稳、更远、更具确定性。

2.3 持续行动

2.3.1 规律生活是关键

"每一个辗转反侧的夜，都是对碌碌无为的白天的救赎。"

健康生活和良好的作息，是成长所需能量的来源，而想要健康生活，最好的方式就是"好好吃饭，好好睡觉，好好运动"。大道至简，任何花哨的套路和科技都基于这三点演化而来，只是做不好这三点的人试图通过操作来获得一些安慰罢了。

其实从心理角度分析，早睡也属于"想不想"的问题，而不是"能不能"的问题，并没有人强迫自己熬夜玩手机。但生理上难入睡也是存在的，那种"睡意稍纵即逝"的微妙体感确实很多朋友都有共鸣。

各种睡眠障碍因人而异，除了"若无杂事挂心头，便得人间好睡眠"的状态之外，我建议：

（1）睡前泡脚、喝红酒、喝牛奶之类的方法有没有用，我不太清楚，但褪黑素是真的有用，相信科学，这个助眠产品并不会成瘾，能帮助你更好地入睡。

（2）床上用品要舍得花钱，不能对自己太苛刻。床陪伴了你生命中三分之一的时间，很多人可能买床具根本没花几个钱。选最棒的床垫、最好的四件套，尤其是舒适的枕头，这是提升幸福感的最佳投资之一。

（3）深蓝、紫色床单和完全不透光的窗帘，也会促进深度睡眠。

（4）心理上的难睡，我建议你多想想：晚睡是一种貌似时间多出来的错觉，其实每天睡眠时长基本是一样的，晚上 10 点睡早晨 5 点起和凌晨 2 点睡上午 9 点起，时长是一样的，哪怕你试试早起玩游戏都行（事实上，早上起来玩游戏，会有一种莫名的成就感）。

（5）任何电子产品不带进卧室。前两天会非常难受，第三天开始就会感觉很好，这时候记得别破戒，再坚持一阵子，小小改变会有大不同。

（6）你回忆一下，是不是如果第二天有重要的事情，我们都能早睡早起。如果是，那为什么不把每一天都当作重要的一天来珍惜呢？珍爱生命，好好活着。

（7）冥想的方法可以尝试，提高睡眠质量的效果还是非常显著的。

此外，我有几个自用的调整生物钟的小偏方：

（1）在身体没有其他问题的基础上，调整生物钟最好的方式是，如果失眠到快天亮的时间，就别强迫自己入睡了，起床洗漱后吃一顿元气满满的早餐，然后就正常开始工作，中午有困意也扛住，等到晚上回家，早早洗漱后就去睡，因为太久不睡，就比较容易快速入睡，第二天按闹钟时间正常早起，这样一次就把作息时间调回来了。

（2）转 1 万元钱给你的伴侣或同住的室友，让他 / 她每天早上定时叫你起床，如果你按时起床，就拿回 1000 元的奖金；如果当天你没按时起来，这 1000 元钱就是对方的了；如果对方当天没按时叫你起床，则倒扣其 1000 元。这样做既有趣，又能帮助你养成早睡早起的好习惯，真是双重幸福。

（3）饮食方面，坚持 7 点吃早餐，用最高标准去准备你的早餐，并且尽量少吃糖，这样晚上更容易睡得好。

（4）95% 的人每天连一分钟的主动运动都做不到，你可以尝试成为那最优秀的 5%。

（5）在朋友圈进行早起打卡或者坚持运动打卡，打卡次数超过 30 次，基本上就养成习惯了，因为这样做沉没成本高，而且成就感强。

2.3.2 配得感

想要持续精进，首先要有"高配得感"。

配得感是自信心的一种表现形式。简单来说，"如果你不觉得你能拥有什么，那么你就无法拥有什么"。

有些人从小被原生家庭教育，家里穷，这些用不到，那些太贵买不起，这些那些都选择平价用品来代替……诸如此类的成长经历，以及从小被安排了许多不切实际的目标，比如必须考上名牌大学、要多才多艺之类的要求，最后却少有如愿，就会让一个人在成年后的配得感偏弱，导致不敢去争取一些事，比如美好的爱情、高薪的工作、优质的生活条件，于是真的因此错失良多。

甚至有些人会觉得自己不配被爱，总是忽视自己的感受，从不会想着麻烦他人，甚至总想着为别人付出，以满足自己的价值实现；总是觉得自己不够优秀，没有背景，做不到、不行、不可能、没办法……于是每每把到手的机会拱手让人，在负面感受中越陷越深。

想要快速提高自己的配得感，非常简单，做到以下 4 点足矣：

（1）身材管理。肌肉是永不生锈的铠甲，好身材是非常讨喜的通行证，拥有一副健美的体魄是最简单、最容易获得自信的方式。颜值如何也许是基因决定的，但是好的身材大多靠后天的训练。

（2）社交提升。多和积极的人交往，把每次聚会或者聊天当作练习的机会，坦然接受夸奖和鼓励，接受从未去过的场所和宴席给自己带来的价值观冲击，并尝试循序渐进地表达自己。

（3）滋养心灵。多叩问自己，找到自己的天赋和擅长的技能，持续学习，不断改进，不断与过去的自己相比较，找到可量化的进步，并从身体和思想两方面关爱自己，学会放松、学会娱乐。

（4）目标管理。制定可量化的目标，并记录实现的结果，正视每一个成就，并奖励自己。要落到实处地奖励自己，拿到对自我价值的认可。

让我们一起向以上 4 点看齐，一起去高处，一起看风景，一起说一句"人间值得"！

2.3.3 目标和目标管理

2.3.3.1 设立目标的意义

很多朋友可能对"目标"有误解，什么是目标呢？目标是一定要做到的事，而不是想做的事，大约只有 3% 的人拥有明确的目标。

如果你要定目标，记得写在纸上，记录下来，反复看，与没有记录自己目标的人相比，这样做完成目标的可能性会高出许多。

设立目标有很多好处，有些人深深知道这套手法对自己是有用的，于是就在日常生活中通过持续的行为去加强这种刺激，比如直接发朋友圈，说自己要做到哪些事，实现哪些目标，头像改成"不瘦 10 斤不改"，逢人便说自己接下来要干什么，从此获取外界的监督和自我激励。

另一种人则相反，想要实现某个目标，会选择闷头苦干，没做成的事情从来不说。这让我想起学生时代那些从来不好好听课、好好复习，考试成绩却总是前几名的同学。这种操作也是一种很好的方式，有可能本质上是一种求一鸣惊人的虚荣驱动，或是一种内在的驱动力——一定要做成事的信念，这样也挺有力量的。

这两种方式都挺好用，都是去寻求推力的方式。关键在于找到适合自己的方法，并持之以恒地朝着目标前进。

2.3.3.2 把目标写下来

我们都知道要做难而正确的事，做重要且不紧急的事，为此，我们应该设定触之可及的目标和先后顺序。很多事情，你不捋顺它们，就无法完成，这就是所谓的"目标管理"。

不论长期目标还是短期目标，先将其全部写在纸上贴出来，或者做成手机桌面壁纸和开机画面，每月补充一次，慢慢地，你自己会非常清晰和坚定地知道自己究竟想做什么、能做什么。

这样的操作，同样可以用上文说过的"画面感"来解释。

进度条方面：几月几号，要实现什么目标，要做到什么程度，完成度是多少……这些内容要有个进度条。比如你今年计划赚1000万元，如果在9月的时候才完成了510万元，那完成度就是51%，这就是具象化的画面感。

拼图方面：你要实现这个目标，需要谁协作帮忙，需要什么技能，需要多少钱，多长时间的投入，怎么做，等等。每一个元素都是你画面感的拼图，你必须很明确地知道它们，才有可能实现它们。

任何没有写下来的目标，大多是自嗨而已，就好比任何头脑风暴和会议讨论，如果没有具体的结论，也就是做什么、什么时候做、谁来做、怎么做等细节，就都是无效劳动。

把目标写下来还有很多好处，比如，我们在设定目标的时候，会发现很多问题，这时候我们不应该逃避问题，因为问题不会自己消失，优先找出你的"硬伤"所在，找到影响你达成重要目标的瓶颈或障碍中最难的那个，无论它是内在的还是外在的，集中精力先突破这个卡点，才能一路畅通。

又如，生活和环境决定了我们没有时间做完所有的事情，但是我们可以做最重要的事情。用碎片化的时间做事常有挫败感，重要的事情一定要用整段时间来做，不行的话，就创造出来大块的时间。

另外，气势和惯性对实现目标也有很大的帮助。成功是有惯性的，持续的小成功能汇聚出巨大的气势。我一直认为，完美的身材来自每天做俯卧撑，即，先从最简单的事情做起，每天增加一点，慢慢增加任务量，直到养成习惯，持之以恒。同理，每天学一个小技巧、看一页书、背一个单词，进入状态以后慢慢递增，最后就可以实现很可观的成就。

时间分配的技巧，基本上可以用四个字来概括："贪心算法"，即努力确保自己时刻都在做重要的事，应急、应酬、救火、琐碎这些免不了，但要在偏离主线后尽快拉回去做重要的事。一份好的待办事项清单，配上"轻重缓急"4个字，就能切实指导大部分行为，这里再次推荐微软的那款 App——"To Do"。

2.3.3.3 和自己的契约

学习和自律都是反人性的，定了目标后尤其明显，但这两者是我们对抗熵增的上上之选。人与人之所以能拉开差距，本质上就是因为在这两件事情上的主观能动性的差距。

我一直认为，一个人意志力的总量是恒定的，每天就那么多，干了这件事，就没法干另一件需要消耗意志力的事。比如你今天完成了一件很辛苦的事情，刚要开始下一件事，大脑就会有一个小人儿告诉你："别干了，该休息会儿了，该出去玩儿了，刚才已经有如此大的成就，难道不应该放松一下吗？"

但很有意思的是，在奋斗小人儿和贪玩小人儿对抗的过程中，你可以适当运用一些施压的技巧，比如适当骗自己或者给自己承诺一些奖励，告诉自己我还行，然后坚持把事情做完。每次战胜贪玩小人儿，超越自己的极限，你的意志力总量就会微微上涨一些，更加有助于你未来成就事业，这就是修行。

我们其实拥有无限的潜能，也并不是没有自制力，而是缺少一个与自己的契约，或者是明确的目标。一旦明确了前行的方向，即便全世界都在阻碍你，你也能找到前进的道路。

如果你自我约束的能力实在是太弱，这时候采取"自绝于江湖"的方式就是一个很好的办法。即在所有人面前承诺自己会实现自己的目标，这样就没有退路了，来自外界的压力可以促使你自我约束，尽快完成目标。

另外，上文中提到的金钱激励法也很有用，把钱交给身边的挚爱亲朋，等自己完成了契约就可以拿回来，如果没有完成，钱就没了。

这些方式何尝不是成功借助外力修炼自身的好方法呢？

我建议你第一次尝试定契约的时间最好是 10 天，如果太短了会没有成就感，之后可以延长到三个星期，然后延长至两个月，这样你就可以逐渐养成一个很好的习惯了。

真正的喜欢和擅长的技能往往就是在这样一个个契约中逐渐被找到的，那种亲自找到自己真正喜欢做的事情的喜悦是无与伦比的。

2.3.3.4 所谓自律

明白这一点非常重要：自律是一个"想不想"的问题，而不是一个"能不能"的问题，它是选择题而非填空题。

虽然有些人嘴上说"阳光午后，岁月静好"，但对大部分普通人来说，丧、懒、躺、佛等状态虽然看起来是安逸、是休息、是福气，实际上给人的内在感受是消沉、空虚和焦虑。如果这种情绪黑洞长时间伴随自己，我们可能会因此失去对美好生活的向往，开始逃避人际关系，打不开自己的格局，甚至怀疑人生的价值和意义。

虽然人这一生并非一定要追求卓越、自律自强，一定要过上别人定义的"好生活"，也没必要看短视频和自媒体营造各种焦虑（我个人也喜欢追求不劳而获、无功受禄、坐享其成的轻松），但我们都是普通人，能做的并不多。

去阅读经典著作，以期跨越时空和伟大的思想发生碰撞？去看名人访谈、传记，指望着能有共鸣，激励自己空虚的灵魂？去听讲座，去混圈，期待着被点燃那希望的花火？醒醒吧，不现实的，大多数人都一样，尝试过多少次，睡前想想千条路，一觉醒来继续原地踏步，由于一时冲动立下的高远目标只会一次又一次耗尽自己仅存的一点点热血和激情。

作为一个普通人，额外且不确定的操作越多，要走的路径就越长、越绕。越是简单的操作，越能带来实际的改变。不要顾盼自雄，却一次次轻言放弃，从最小的事情开始磨炼自己的自律能力，才能真正拿到确定性的自律，管理好自己的人生，"所谓自律，不过早起"。

2.3.4 目标的合理性

除了消极和积极，我们在制定目标的时候更应该考虑它的合理性，合理制定目标非常重要。

很多人被心灵鸡汤一刺激，一下子就定了一个特别长远或者宏大的目标，这样的激情大都是以"三分钟热度"告终的。

必须承认，我们多是普通人，怎么努力也打不了 NBA 篮球赛，拿不了诺贝尔奖。

我们也需要看明白，那些天才的成长路线也是一步步踏踏实实走出来的。姚明也是先通过选拔加入青年队，站稳脚跟后去国家队当替补，经过多年努力，迈过刘玉栋这座大山，才得以加入 NBA，坐稳主力，最后成为球星。

我们应该先认识到什么事情是自己做不到的，再积极地去做现在能做到的事。坚持比速度重要，先找到那些稍微努力一下就能实现的目标，哪怕是一件小事，先去做，把成果拿到，形成一种不断拿到理想结果的惯性，才能更好地追逐更大的目标。

别老想着弯道超车，这样想的人，大多数都弯道翻车了。合理制定目标的意义是巨大的，能让我们避免一厢情愿的侥幸心理，堵上一切无效做功的源头。

2.3.5 指标和目标

在实现目标的过程中，要想更加高效地拿到确定性，我们还要分清"指标"和"目标"。

它们之间有什么区别呢？我举几个例子：减重几斤是指标，激素水平也是指标，目标是变美或者变健康，是提高自信，积极面对生活；考到多少分是指标，目标是发现问题，解决问题，磨炼心态和提高学习效率；读几本书是指标，目标是寻求知识，掌握技能，甚至是满足好奇心。

连续做或者不做某件事是指标，自律是目标。如果你的目标一直在实现中，就不一定要用指标来为难自己。在你为难自己的时候，因此而沮丧甚至惩罚自己的时候，有没有想过，你并未因连续达成多少小目标而奖励过自己。

尝试对自己多一些宽容与理解。设想一下，一个坚持锻炼、从不懈怠的人固然展现了强大的自律和毅力，但如果他能在保持锻炼习惯的同时，偶尔与朋友放松一下，享受片刻的闲暇，却并不因此而荒废日常的训练，不是更展现了出色的自我管理和平衡能力吗？真正的高手，往往能在坚持与放松之间找到最佳的平衡点。

所以我们应该分清楚指标和目标的区别，以期更踏实坦然地去面对目标管理，并多奖励自己。

2.3.6 奖励自己

多奖励自己、滋养自己，别内耗。

很多人曾经给自己许诺：如果能做到某件事，就奖励自己一件昂贵的礼物，享受一顿大餐，或者去喜欢的城市旅游。最终兑现的人却很少，其实这样对大脑是不友好的。因为未能兑现承诺会导致失落感和挫败感，下次再定目标的时候，我们会因为下意识感到抵触而缺乏动力。因此，一定要对自己兑现曾经承诺过的奖励，这样不仅能提升满足感，也能让大脑更好地执行下一次的契约，形成良性循环。

当你完成了一个小目标，给自己一些阶段性的奖励确实能够让自己有更多的动力去追逐下一个目标。比如，实现了 10 万元收入的小目标，就用其中的 1 万元奖励自己一个之前舍不得买的礼物。这种做法很有意义。

具体来说，自我奖励的理由可以很多。不单单是现金回报的成功，具象化的目标都值得奖励。比如你要学英语、学个新技能、约一个不敢见的人、去看看爸妈或者单纯通个视频电话，都是可以有自我奖励的。

我们都是凡人，奖励自己就是为了用持续的正反馈，补充外界所给不到的部分，然后刺激自己持续精进。就像如果日常饮食无法摄入足够多的维生素，就需要额外补充，奖励也是一样的道理。当然，奖励也不宜过度，小成就大奖赏会偏离初衷。

关于奖励的力度，可以量化成收入金额的百分比，建议

10%，然后设一个封顶金额。如果是非现金方式，也建议具象化，比如用时间（放假几天）和特定项目（去旅游）来度量。

奖励是为了拿到劳有所获的"天使循环"，所以方式上建议给自己购置生产力工具以及提高生活品质的好物，或者让自己更健康、更强壮、更美丽的项目。

比如顶配的电子产品，大内存的手机、高端的电脑等，可以让自己工作效率更高；顶配的床品、小家电，可以让自己的生活更惬意。床上用品会陪伴你人生 1/3 的时间，你为它们花了多少钱呢？美容美体保健方面，提升外在可以让自己更自信。当你洗完澡，看着镜子里自己的身体，你满意吗？为它投资了吗？

适当的奖励是一种确定性，是人生小确幸的体现，也是激励自己不断前进的动力源泉。通过这种方式，我们可以在充盈着成就和满足感的过程中去追求更高的目标。

记住，善待自己，是对自己最好的投资。

2.3.7 吃掉你的时间

习惯的力量很可怕，你可以把自己每天的时间想象成一个零和游戏，你的好习惯消耗的时间多一些，坏习惯占用的时间就少一些。我比较喜欢用"吃掉你的时间"来描述这样的状态。

比如每天跑步 5 公里，占用你 1 小时；每天写 1000 字，占用你 1 小时；每天背 30 个单词，占用你半小时……这种正向利好你成长的事情多一些，无意义的闲聊、刷短视频、玩游戏的时间就少一些。只要尝试一点点养成耗时少的小习惯，用它们慢慢地吃掉你的时间，获得一点又一点的确定性，放到长期来看，就能建构更大的确定性。

"心流"这个词经常被提及，指的是人们在专注进行某行为时的心理状态。虽然我个人对其并不热衷，但不可否认的是，心流状态确实可以通过训练来提升。有朋友和我说上年纪以后注意力开始下降，其实这可能不单是年龄问题导致的，所有人都可能存在这个问题。我们小时候对游戏的痴迷，现在的小孩对手机的依赖，都是一样的，注意力的分散是普遍存在的。我认为，注意力的下降，本质上还是由于我们的时间被碎片化了。

如果你无论工作还是生活，社会关系都在微信上，每天要打开微信很多次，也就意味着你的时间会被切得稀碎。每次再想回到之前的专注状态，就像停下来的车再启动，是需要花费时间和更多能量的。这种总被打断的状态能不能破呢？当然是可以的，首先你要认清一个事实，就是自己并没有那么重要，有紧急的事情，对方自然有一百种方法找到你，如果不紧急，错过了信息又能怎么样呢？保持这种觉悟，日子长了，你的状态就会更投入，还能让别人更加尊重和珍惜你。

当你想要专注做事或者学习的时候，把手机放远一些，把电脑上的微信关了吧。屏蔽干扰，温养一下自己的注意力。一段时间后，你会惊觉自己做事的效率高多了，时间莫名其妙就多了出来。

2.3.8 长期主义的"毒"

关于长期主义的讨论似乎已成为人们耳熟能详的话题。然而，听归听，重要的也不是单纯的讨论，而是避免盲目追随或将其作为驻足不前的借口，更应关注如何实际踏出务实的步伐。

那么，长期主义究竟是什么？我们准备在多少种场景中应用它来指导我们的行为，工作、生活、事业、感情、婚姻还是育儿？多久才算长期主义呢？为什么一定要坚持长期主义呢？长期主义的反面是否就是短期主义呢？

实际上，不论是长期主义还是短期主义，其本质都是追求收益，只是有些收益短期内无法实现而已。

长期主义强调的是长远的、未来的收益，比如健身和写作，其成果无法立即显现且带有不确定性，就像你无法短期内练出人鱼线，也无法一下子写出阅读量超过 10 万次的爆文；相比之下，短期主义则注重立即可见的收益，其确定性往往更高。

人们总是偏向于立等可取、唾手可得的收益，哪怕收益不高。就比如赖床、玩游戏、刷短视频，你躺回去床上的那一秒、打开游戏的那一秒、点开视频软件的那一秒，你的"收益"就到账了。这就是为什么虽然大部分人相信长期主义的力量，却总是坚持不下去的原因，但你也不需要感到羞耻，因为这很大程度上是由人的基因决定的。

人们常说，赚钱是最好的修行，我想把赚钱当作毕生的修行，这算不算长期主义？其实也可以算。长期主义并不意味着不能实现财富的快速增长，而是强调一种持续、稳健的发展态度。实际上，长期主义和坚持时间的长短没有关系，这不是一个简单的意愿问题，而是需要实际行动与能力的支撑。

从时间利用率的角度来看，时间是最公平的，你投入在哪里，就从哪里获得回报。那么最应该坚持长期主义的三个方面，应该是健康、关系、财务。

所以，你可以反思一下，你一天花多少时间健身？有没有好好休息、健康饮食？花多少时间经营自己的亲密关系、亲情、友情和爱情？花多少时间提高自己的财务抗风险能力、学习和工作？这些都是践行长期主义的具体体现。

总之，先动起来，别让长期主义成为一句空话，别让自己的行动配不上长期主义。先动起来，在执行中完善，在增长中修正，慢慢地，你就会找到属于自己的确定性，找到属于自己的长期主义。

2.3.9 从圈子中获得确定性

我做过一个社会实践，采访了圈内颇有名气的社群"生财有术"的 50 名各行业的年轻朋友，探讨他们对付费学习的真正诉求。以下基本涵盖了他们的主要需求，并提供了一些关键性的讨论结果，帮助大家更清楚地理解我们共同关注的三个问题："做什么""为什么"以及"怎么做"。

他们的主要诉求大致可以分为三类：钱、知识和人脉。

在"钱"的方面，大家的关注点有：副业（多个收入来源，提高抗风险能力）、创业，找项目（玩法）、解决方案（破局点），找流量、资源（供应链），投资理财（前沿资讯），等等。

在"知识"方面，大家的关注点有：自我提升（职场）、成长（认知），学习项目玩法（技能）、管理／法财税，参照或借鉴社群打法（同行或者社群玩家），开眼看世界（当老板的看看别的老板怎么玩，玩什么；职场人认为老板都在这里，可以在此观察到老板们都在看什么，从而与老板保持同频；多一些溢价机会；看看同行怎么玩，比如设计师，程序员，电商从业者），等等。

在"人脉"方面，大家的关注点有：交友（合作／相亲）、破圈（所谓打破信息茧房）、做IP／影响力（这年头，网红不如"圈红"）、找客户（甲方／乙方）、招团队／合伙人（冲着社群的人才含金量来的）、找供应商／渠道（同是"圈友"有天然的公信力）、利他（志同道合很诱人）、自我实现／群体认同（成年人的孤独，无处安放的表达欲）、更多可能性等。

以上内容虽然不完全遵循"完全穷尽，相互独立"的原则，但我尽量将有冲突的内容归类到更主要的类别中。比如在投资方面，赚钱的需求属性通常大于相关知识的吸收。

接下来，让我们具体聊一下这三个方面。首先，关于"搞钱"这方面，我建议先问自己两个问题。

（1）你平均每天有多少可支配的时间？

人和人之间的差距，就是注意力分配的差距。你每天愿意花多少时间在圈子里接收信息，决定了圈子能够给你多大的启发。信息是无限的，我们要对自己的时间做出合理预判，目的明确，方向清晰，这样才能有重点地吸收信息，这一点非常重要。

同时，要意识到，很多项目对时间的投入是有最低要求的。如果你无法满足这个最低要求，就别抱太高期望。这是关于自我认知的重要问题之一。

（2）你要问自己，期望在多久之后，每个月能有多少稳定的收益或流量？（助记词：how long，how much）

一开始就明确自己的时间规划和收益目标，可以让你更清晰地去安排执行，不要好高骛远，因为计划是"涌现"的，保持迭代就好了。这样可以避免焦虑和失望，不会陷入"我全都要"却终无所获的泥淖中。

此外，还需要注意，如果你的可支配时间有限，那么像知乎好物、淘宝店铺等需要持续投入的项目可能就不太适合你。同样，如果你的收入预期很高，那些只能带来较低月收入的项目，如书单号或闲鱼之类的，也可能不适合你。如果你无法在初期投入资金，那么像亚马逊电商、微商、餐饮加盟店等项目也可能不是最佳选择。

这就是所谓的"副业不可能三角"：赚大钱、少付出、零风险。理解这个概念，可以帮助你少走弯路，避免很多无效做功。

接下来是关于学习知识的话题。

在采访过程中，我意外地发现，很多朋友对金钱的追求并没有我预想中那样强烈。他们中的一些人拥有稳定的业务或工作，并认为社群中的信息非常先进。他们希望通过学习这些信息来提高自己的认知水平，以期探索更多的可能性。他们普遍的问题是担心自己学习太低效，不知道如何将学到的知识系统化。

关于学习，有太多可以说的，方法论这里就不赘述了，但以下三个工具可能会帮助你更高效地获取确定性。

第一个是 flomo。

人们在日常学习或者浏览其他内容的时候，常常会有一种虚幻的获得感，特别是看一些碎片的内容和科普知识时，感觉自己的认知在不断提升，懂的东西越来越多。但实际上，这是一种非常可怕的错觉。我们真正需要的是系统化学习的能力。学习是反人性的，是需要钻研的，哪有那么简单？如果一开始实在无法集中注意力，我给大家一个很好的办法：把那种虚幻的收获感落到实处。

当你看到有启发的一段话或一篇内容的时候，不要去收藏，因为收藏往往意味着永不翻阅。你应该坚持看完，然后把触动你的那些金句和知识点或者一些关键词尽快用自己能看得懂的文字记下来，放在 flomo 里，这就是你宝贵的"面包屑"。

空闲时，你可以回过头来补充和完善这些碎片记录，定期将这些内容打印出来，每周审视一次（很多圈内人士就是用 flomo 来写长篇文章的，他们记录下一个个关键词，然后不断地补充内容，最终形成一篇完整的文章）。这样坚持一年，你会积累大量有用的内容，并且真正深入理解它们。这些"面包屑"会逐渐转化为"钻石碎片"，最终帮助你构建起自己的知识体系，也让你更懂得如何甄别有价值的内容。这是一种能同时训练到听、说、读、写以及输入和输出能力的方法，希望大家能好好利用。

第二个是番茄时钟。

我之前提过，那些每天专门花费半小时进行学习的人，通常可以看到自己收入的显著增长。因此，我建议大家尝试使用番茄时钟。你可以每天用半小时到一个小时的时间，专注于社群中你感兴趣的项目，进行深入研究并做好记录。通过整段的时间学习后，尽量用自己的语言总结这个项目的操作步骤和细节，这是一个将所学知识内化为真正技能的过程，进而能够更好地将所学应用于实践。

番茄时钟的另一个优点在于它能帮你"吃掉你的时间"。这个世界上，最公平的资源就是时间——每个人每天都只有24小时。一旦习惯了使用它来规划一段时间，你就可以逐渐延长这个时间段。这样，你的每一天都将变得更加充实和有价值。

第三个是微软 To Do。

这是一个好的时代，人与人的信息差正在逐渐缩小。这种情况带来的一个副作用是甄别信息的焦虑。我常常听人说，看到别人赚钱比自己亏钱还难受。这种情绪的背后是一种断续的挫败感和不合理的对标，这些都会引发焦虑。那么，如何打破这种状态呢？具体的行动可以帮助缓解这种焦虑，你需要重新获得对生活的掌控感，将生活节奏带回正轨。

To Do 可以在这方面帮到你。用 To Do 将每天需要完成的任务详细列出，事无巨细都写下来。一开始，你可以每天列出10项任务，不论任务难度高低，只需要确保有10项任务就行。随着熟练度提高（大约两周后），每天可以增加到 15 项。你会发现，列出的任务质量会逐渐提高，你将逐步获得那种不断完成任务的惯性。没错，就是那种事事都成、每天都是元气满满的感觉。一个月后，你会感到前所未有的自信和笃定，你的大脑会因为这种持续的滋养而变得更加强大。

每日待办事项清单和日记的价值不容小觑。最直接的好处是，你可以获得一整年的已办事项列表，这会在年底时让你感到自豪，而不是为一年来的无所作为感到羞愧。你不会有虚度年华的错觉，而且每次回顾这些记录，都会对你未来的行为有着直观的指导意义。

最后，我想强调的是，选择做正确的事情很重要，即使这些事情可能很难。人们往往忽略一个事实：并不是努力取得成果才有收益，放弃的那一秒其实就有了确定性的收益。我们倾向于快速获得确定性的收益，但这并不是正确的选择。

有些人可能会和我争论："什么是正确，什么是错误？"在这个问题上，没有必要进行争论。人生不必非追求卓越不可，如果你觉得岁月静好就足够了，那就岁月静好吧。但是，我觉得这样一个标准可能会更接近正确：你希望你的孩子去做的事就是正确的；你不希望你的孩子做的事就是错误的。比如抽烟、酗酒、沉迷游戏、懒惰不上进等行为，都是我们不希望看到的。

我们不断重复正确的事，并始终避免去做错误的事，这难道不是最大的确定性吗？

接下来谈谈关于"人脉"的诉求，我们可以将人脉分为主动和被动两种情况来讨论。

当你想要主动结识一个大佬或者高手的时候，如果对方没有回应，不必感到害怕或沮丧。可能对方真的很忙，你可以过一段时间再尝试联系。如果两次尝试都没有成功，也不必过分担心，可能是对方的好友位已满。重要的是保持良好的心态，不要玻璃心。记住，主动是给彼此机会的表现，而不主动则完全没有机会。

我来揭露一个真相：不要定义自己是"小透明"，要有"平视这个世界"的勇气。

很多朋友和我描绘了一种顾虑："大佬都很忙，会不会不理我？不太好打扰吧？"是的，你是好人，你预设了一个尽量让对方舒服的理由，甚至委屈了你自己的成长。但真相是，大佬也是人，都要面对成年人的孤独，需要群体认同，需要自我实现。分享和"好为人师"是烙在人类基因里的精神需求，很少人会拒绝一个真诚的"圈友"虚心地请教。

当然，这里还是有一些细节需要区分的，比如养成为知识付费的习惯，尊重对方的时间，最简单的"红包大法"就是一种尊重的态度。据我的观察，一般大佬不会经常收下"圈友"请教自己时发的红包，一开始可能收个一两次，尊重你对他的认可，之后就会当朋友相处，不再收了。但主动用红包等形式表达对其的尊重和感谢，仍是有必要的。

另一个重要的点是，学会提问。提出一个具体的可答性问题是另一种尊重。问题越空泛，答案往往就越粗糙、越没用，你必须先梳理出卡点，抹平题主和答主之间的信息差，再提出具体的问题。

举个例子，有人问我："涛哥，如何让她爱上我？"

我只能笼统地回答："多约出来见面，加油！"

如果提问者告诉我他们现在的关系处于什么状态、进展到哪一步了（邂逅？同学？同事？暗恋？暧昧？）、在哪个环节卡住了（不会聊天？约不出来？不会送礼？怕见家长？），我就能根据具体的情况给出细致、明确的指导，帮助其解惑。

生活如此，事业也一样，详细的问题才会得到具体的答案。

此外我的一个重要发现是，在社群里招团队伙伴是一个很棒的策略。我们都知道，招聘伙伴的时候要招"心智成熟的人"。心智成熟的人，是指那些不会仅仅因为报酬而工作的人，他们有着符合标准的情商，有着持续学习的潜力和动力，有着清晰的成长性思维，能够情绪稳定地处理复杂的信息。

因为好的社群里"心智成熟的人"比例大，他们自驱、自律，执行力强，要性强，具备较强的执行能力，所以，在一个社群里招聘或许比社招更容易遇到同频的伙伴。

至于主动与被动的问题，我认为多分享、多发内容是很重要的。某种意义上来说，被动也是一种主动，通过积极发声，你就能够在社群中吸引目光，甚至占据某个不可替代的生态位。在我的世界观里，占位是顶级的人生战略。你不出声，大家怎么知道你的强大之处呢？在这个"圈子"时代，有些时候，网红不如"圈红"的影响力大。

这时，我的耳边又响起曹政老师的一句话："分享即成长"。

分享是人们最基本的社交需求之一。

当看到一篇好内容或者知晓一个新玩法时，我们的第一反应便是分享。也许，有时候我们分享小众信息的过程中，会迎面撞见大众喜好的不认同；也许，我们会因为有些想法与主流相去甚远，要面临无人倾听的挫败；也许，与热点事件保持距离，会让自己活得清醒，但是会让人误以为你自私冷漠。

但是，多分享吧，有趣的灵魂终将相遇。站出来、说出来、被看见，才有可能被喜欢、被认同、被推荐。特立独行也好，从善如流也罢，这个时代容得下百花齐放。

2.3.10 小镇青年的确定性

在讨论成长和成功的确定性时，很多朋友会觉得，自己生活在小县城，或者生性知足常乐，和这些确定性的成长关系不大。

虽然人不一定要追求卓越，也没有人要求你追求卓越，如果你想岁月静好，那就岁月静好吧。只是，复利和长期主义之类的概念在小地方也有着很大的用处。

举个例子，许多人都有自己经常去的理发店和最常用的理发师，甚至出差在外也不舍得在外地剪，得忍住等回去以后找这个理发师剪。又或者这个理发师搬去了距离自己很远的地方，还是宁可大老远跑过去找他。

在小地方，很多老店、手艺人、老师所属领域都有类似的情况。你只要有一技之长，或者做好一个领域，甚至都不需要太顶尖，只需要在那"一亩三分地"里相对较好，基本上就可以实现富足。深耕一件事情，如果你能确保新增大于流失，几年后，几乎就可以实现"躺赚"的状态。

具体我们可以分两个方向来讨论。

第一，客户即代理。比如花店、蛋糕店、特色菜、健身房、五金、建材、中医馆、按摩推拿、咖啡厅等，都可以满足这种确定性。

你要做的无非就是比同行稍微用心一点点，添加客户的微信，做好简单的备注，记住每个人的姓名，将自己的宣传策略和客户关系维护用心经营一下，就可以了，没有太大的难度。这点与大城市不同，大城市外来人口多，许多居民相对没有那么强的归属感，流动性更强；小地方则反之，在顾客的归属感方面有着天然的优势。

我们可能会因为一家店的菜好吃，会因为某个师傅服务或者厨技特别好而经常光顾。除了这些基本的业务能力，我们更可能因为老板性格好，每次去都会跟自己打招呼，叫出自己的名字，甚至自己直接在微信上知会一声，老板就给留下最好的包间，让我们心里觉得有面子又非常方便，而经常光顾。

而这些真心只需要一点点的付出，让人感受到你和其他同行不一样，就足够了。尤其那些"在哪儿买不是买，去哪儿待着不是待着"的行业，就更能享受这种确定性。

第二，横向和纵向一站式。当你已经拥有了你的小事业，你所能思考的、求突破的方向有两个：横向和纵向。

比如你在小县城开了个便利店，或者做了个菜鸟驿站之类的业务。横向是增加服务领域，比如家政保洁、电器维修、开锁通下水道等服务，纵向是做深你便利店或者菜鸟驿站相关的服务，比如生鲜特产、时令水果、搬家寄货等业务。

努力把你所在的那个片区做到好评如潮之后，你只需要做好一个中间商的本分就可以了。通过加微信就帮忙送快递上门的服务，很快你就能加上几乎所有的住户；有了群之后就可以开始有运营动作，日常做一些好物推荐，帮小区周边的商户打打广告、接接业务，这个基础就夯实了。

再如，你在小县城开了一家花店。纵向是把礼品蛋糕、节庆婚庆、开业乔迁、红白喜事等相关的业务全做了，横向是发展一些会务、策划、广告相关的服务。由于县城的人口流动性不大，你每年的固定客户增量总是大于流失的，有长期做下去的打算，十年后甚至能做成非常出色的本地龙头品牌，无惧巨头的那种。回想你自己的家乡，是不是就有这样的老店？

当然，非标服务也是一种相对优势，没有人喜欢给自己添麻烦，解决了信任问题，迈过了心理门槛，很多行业是可以做到一站式的。

比如你是个做家装设计的，主线很清晰，立足于你设计方面的交付和交互能力，在这个基础上，你能否认识足够多的相关服务商，把软装、硬装、家居、弱电、电器、家具、除甲醛等全都做了呢？这样也是可以的。在小地方，口碑的力量和地缘文化相结合，是可以把一个人的相对优势发挥到极致的，迈过那个最基本的信任门槛，一切都会变得简单。

如果要再多一个辅助技能，那就是流量获取的能力，精细化一些可以是本地生活的流量获取能力。若有所成，那么你将成为集"一技之长""销售能力""流量获取能力"于一身的超级个体。

最后，和大家分享一个简单的道理，当你长期维持某一个地方的社会关系，10公里内没人不知道你，那你这辈子基本就可以衣食无忧了。

2.3.11 轻重缓急

事情和工作有次要（轻）和主要（重）、缓办和急办的区别。而"轻重缓急"这四个字，就是时间管理的精髓。

在展开讨论之前，先来聊聊大家都很喜欢的"四象限"时间管理法（图2-5），我来分享一下我的理解，并尝试简化它。

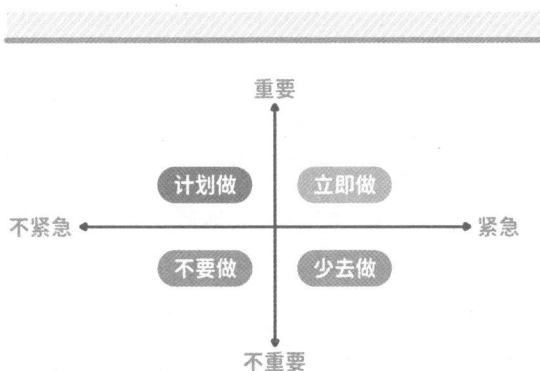

图 2-5 "四象限"时间管理法

首先是"不重要且不紧急"的事项，比如玩游戏、刷短视频、去应酬、和朋友聚会等，这些活动通常被视为浪费时间。然而，并非完全如此。不要刻意去抗拒这些放松方式，谁都不是圣人，我也不建议大家活成苦行僧。多巴胺的快乐唾手可得，简单又直接，适当的放松可以舒缓压力，有益身心，我们要做的只是避免沉湎于其中。

接下来是"不重要但紧急"的事项，比如朋友的寒暄、家人的问候、同行来访、喜事宴请和碍于情面难以推托的必要安排等情况。这些事情确实紧急，因为需要及时回应或参与，但实际上并不重要，只需要做好时间规划，给这些突发状况预留出时间，就不至于耽误自己更重要的正事。

有些朋友会问，紧急不就一定重要吗？其实不然，这里只要加上时间这个维度，就很容易理解了。比如赛事直播，错过了就不是直播了，很紧急，但是不重要，因为还可以看回放；比如超市打折、每天要完成的重复性的工作，并没有很重要，却很紧急，因为错过了就没办法重来。

然后是"重要且紧急"的事项，例如突发事件、计划之外的变故和意外、迫在眉睫的工作等，需要立刻着手去处理，并且必须在限定时间内完成的第一优先级的事情。比如经营的餐厅关于食品安全的投诉、工程进行中突发的事故。

除了不可抗力，我们尽量不要让事情发展到这个状态。如果一个人的日常，总是在处理这方面的事，是很消耗心力的。井井有条，稳妥地处理，可以忙，但忙而不乱，才是最舒适的状态。

最后是"重要但不紧急"的事项，比如学习、技能提升、锻炼身体、思考总结、孝顺父母、教育孩子等。这些事情可能不会立即见效，却十分重要。这个领域内的所有事务都可以理解为，我们必须花时间去做那些可以帮助我们获得长期确定性的关键事务。

我们可以做一个小游戏：现在假想一下当你垂垂老矣，忆往昔，最后悔的事情都有哪些？99% 的答案都指向这三个方面，就是：没好好学习自己喜欢的技能和赚更多的钱，没能爱惜身体，以及和感情相关的遗憾。

所以我们可以简单地认为，和创造价值、身体健康、亲密关系这三块相关的事情都属于这个范畴。有可能让自己追悔不已的，都是因为没有把这些重要但不紧急的事情做好。

探讨完这四个象限后，你有没有发现真实的世界并不需要那么复杂？我们可以单纯地用"得失"去衡量。做一件事情的时候，你确定做了会得到、不做会失去，那么它就是重要的。而紧急是一个时间概念。

这样，如何处理这些轻重缓急不同的事务就很清楚了，我们可以使用"贪心算法"去做事，即努力确保时刻都在做最重要的事。日常琐碎、应急、救火这些事务免不了，但要始终记得在偏离主线后及时拉回来，就可以了。

贪心算法配上轻重缓急，就能指导大部分的日常行为，细节就交给自己的即时反应，在执行中去调整。

2.3.12 难而正确

我们常听到这样的说法:"做难而正确的事"。

然而,人们发现往往知道正确的事情容易,做起来却难。这背后的原因有两个:一是,人们倾向于选择简单的事情做;二是,即使已经知道某件事是错误的,还会继续做。

第一个很好理解,快速的正反馈使人愉悦。

第二个又是为什么呢?首先我们来定义一下什么是错的事。为避免争论,可以按照前文提到的方法,把你不会让你的孩子和亲人做的事定义为"错误的事"。

那人为什么会知错不改呢?因为人的本能是趋于不改变的,在不那么必要的事情上,除非自己需要付出的努力很少,且能快速获得正反馈,才会愿意做出改变。那什么最快?不努力最快。不努力、不改变,就能有愉悦感,确定性收益即刻到手。

再深入一些,工作和生活中的许多事情都遵循熵增定律。房间不整理就会乱、暴饮暴食就会胖、水果会腐烂、热水会变凉、手机会越来越卡、成年人的快乐会越来越难……人生就是在对抗熵增的过程中不断做功。面临选择时,我们应该选择那条更"难而正确"的路径。

当然,我们不可能永远正确,哪怕有时候选了自认为正确的,结果仍然不尽如人意,或者选择了正确的,却不能把正确的事情做正确。但是我们依然要坚持去做那些难而正确的事,原因有二:一方面,当错误的事情的总量大于正确的事情的时候,你的人生或者事业将很可能陷入负增长，从混乱到消亡是迟早的结果；另一方面，力求用数量提高概率，慢慢拉开差距。选择难而正确的时候多了，你的命中率就会高起来。正确的占比开始大于错误，从长线来看，收益率就会越来越高。比如，长期健身，就有更多暴食的自由；长期自律，就会有更多放纵的自由；长期精进，就更有可能拉开和同龄人的差距……

总而言之，我们选择"难而正确"的这个选项本身就很难，但只要坚持如此，长远来看，就会获得更多的选择权和确定性。

2.3.13 若有所获的错觉

我们在学习或阅读其他内容时，往往会有一种虚幻的获得感，尤其是在浏览碎片化的信息和科普内容时，好像自己的认知不断提升，知识越来越丰富。但这其实是一种误区，我们真正需要的是系统化的学习能力。

学习本质上是反人性的，需要深入钻研，绝非简单的任务。如果你发现自己在学习初期难以集中注意力，我有一个建议，就是将那种虚幻的获得感转化为具体的行动。比如，当你读到令你有所触动的内容时，请立即记录下来。养成记录闪念的习惯是非常有益的，上文提到过，你可以使用像 flomo 这样的工具来帮助你做到这一点。

在阅读一本书时，可以尝试写下至少 20 篇每篇 200 字的读书笔记，无论是使用微信读书的笔记功能还是 flomo 都很有效。这样做不仅可以帮助你深入理解图书内容，还能锻炼你的写作能力。更进一步，你可以拉上 5 个朋友，一起进行这个阅读和记录的过程，每天将读书笔记分享在一个群里，这样你就能从 5 个不同视角获得 100 篇读书笔记，有助于全面地理解书的内容。

将书中的内容转化为自己的知识，最简单的方法就是尝试横向迁移。也就是说，你可以把一个概念用简单易懂的方式解释给周围的朋友听，直到他们能理解为止，这个和前文所述的"教授他人从而巩固知识"是同样的原理。

比如"内卷"的概念，可以用电影院前排观众站起来的例子来解释；又或者像"囚徒困境"，可以用乡下的小路塌了，大家都不愿意修，希望别人先动手的情形来解释，或者用"三个和尚没水喝"的故事来说明。这就是横向迁移能力，即你能用生活中简单朴实的例子或大白话解释一个复杂的概念，让别人都能听懂，就意味着这个知识已经成为你的一部分。

2.3.14 "被调教人格"与沉没成本牢笼

认真想想，我们会发现大多数人实际上是这样的：如果有人每天为他们安排好具体的任务，按照顺序去执行，他们通常能够做得不错。这就是所谓的"被调教人格"。

想象一下，如果你永远无法接受可能没有明确结果的努力和付出，并且不愿意为此付出持续的努力和专注，而是更倾向于别人给你一个笃定的、确定的方向和答案，那你可能会长时间都无法走出这种心理牢笼。

人的肉体和思想不同频，思想指明的道路，身体迫于现实，往往会走上一条截然不同的路。

在这种情况下，对一个明确的目标初期进行大量投入和执行，如果这种投入和执行是压倒性的，往往能够在身体反应过来之前，形成一种反抗意志。这种意志是一种想要让已有的投入获得等值或超额回报的期待。试着坚持 10 天，看看你能否完成，如果可以，就再继续坚持 30 天。这种操作对增加一个人的耐受度是非常有帮助的。找到那种"没有撤退可言"的感觉，你就会拥有更坚定的意志。

2.3.15 确定性的助推器

"方法"这个词我们天天都能听到，上学时老师会强调学习方法的重要性，这也是学霸和学渣成绩拉开差距的原因。回忆一下，是不是你有些同学上课不认真听，日常也在玩，但是考试成绩很不错？不排除他在暗地里悄悄努力，但他们的学习方法一定是核心要素。

离开校园，步入社会以后，职场前辈和领导们可能会经常和我们提到做事方法。

你可能也会注意到一些公司的销冠虽然偶尔看上去吊儿郎当、游手好闲，人家做出来的业绩却是顶尖的。不排除他们是天赋异禀的人才，但他们的销售方法一定是占比很大的原因。

高考结束，人生的试卷才做了 20%，剩下的路怎么走才能走得稳、走得快、走得远，我们要好好思考一下"方法"这个要素。

选择了和生活抗争，其实就是选择了终身学习、持续精进。这不仅是对个人能力的挑战，还是一种生活态度的体现。通过不断学习和实践有效的方法，我们可以在各个领域中取得更好的成绩，达到更高的成就。

想要精进自己的能力方法有很多，我把它叫作"确定性的助推器"（图 2-6）。

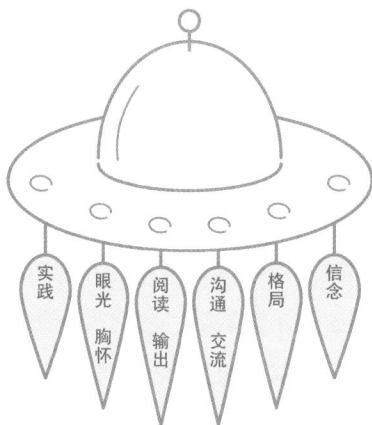

图 2-6　确定性的助推器

阅读：阅读是个人成长和自我完善的一大利器。大量的阅读意味着大量的信息摄入，在此过程中不断调整自己对"优质"和"深度"的判定标准，按需索骥，不求一蹴而就，只求日日不断之功。

沟通和交流：敢于提问，善于提问，多元深入、能引发思考、达成共识、可落地、可执行的交流对将理论转化为实践和将信息转化成改变行为的指导知识有着极大的帮助。

输出：包括但不限于以讲解、分享、内容创作等方式进行大量输出，从而夯实感悟和理解，形成肌肉记忆。输出是绽放，是检验你的所学所想是否自洽的金标准，是建构影响力的基石。

信念：通俗地说，信念代表着你想要成为什么样的自己，它将指引你去往想去的地方，塑造你的日常行为规范，引领你去探索和尝试你想要过的人生的形状。长期来看，坚定而正确的信念，能让我们更加笃定地向上生长，不容易被享乐主义等浮华的价值观侵蚀，从而更能朝着理想的生活砥砺前行。

眼光和胸怀：这两者都很重要，眼光是你能不能看到别人看不到的东西，能不能通过表象看到事物发展的本质，对于事物评价有自己的标准并能对未来进行预测。默沙东制药的座右铭是："我们应当永远铭记，药物是为治病而生产，并不是为了利润，只要我们坚守这一条，利润会随之而来。"是啊，伟大的企业家，看起来离我们很遥远，但他们的精神是我们的方向。作为普通人，在成长的路上，我们也要构建属于自己的格局，格局是眼界、是胸怀、是胆识、是修养。正如我常说的，去过高处，看过风景。在山顶上看到的风景和在山脚下看到的是不一样的。

格局：格局意味着对自己有更高的要求，能让我们更勇敢，更有担当。当你有着更大的格局，就更能理解世界的多态和割裂，更能承担责任。格局是对自己的要求，从而能为更多人解决更多问题，提供更多价值，完成自我实现。

努力与实践：关于这条，我并不想多写一个字。

2.3.16 观察与好奇心

很多朋友常问，怎么才能具备通过现象看本质的能力，感觉这个能力很玄乎，想学却学不会。

首先我要纠正一下，这种能力并不玄乎，也确实存在，保持好奇心并通过刻意练习就可以实现。

比如，某天你和心仪的人去看了一场电影，可能会发现大部分商场电影院都是在顶楼。为什么呢？

第一种解释是：看电影是一种目的性很强的行为，也就是你的直接诉求，但是商场的诉求和你的不一样，它希望你多逛，这样就有机会多消费，如果电影院设置在一楼，大部分观众看完就走了，商场的人流量相应就少了。第二种解释是：一楼是旺铺，店租贵，顶楼店租便宜，电影院占地面积大，要找便宜的楼层。第三种解释是：一楼旺铺要留给大品牌，这样单位面积的产出就会更高。

此外，经常逛商场我们还会发现电梯的螺旋设计，坐电梯上到二楼，并不能马上上三楼，而是要走一段路，绕到对面或者旁边才能继续上三楼。这种设计巧妙地增加了人流量，促使顾客在前往下一个目的地的过程中经过更多的商铺。

你还会发现，有的奢侈品店铺门前排着长长的队伍，店里却只有几个人。为什么呢？因为这些店铺通常规定了店内的人数上限，以保证顾客的购物体验。另外，刻意的排队现象本身也可能吸引更多潜在顾客，特别是那些愿意为伴侣购买奢侈品的人。

你还可以继续想，是否奢侈品的品牌价值里，很大一部分来自那些认识这个品牌但买不起它的产品的人群？这些人对能够拥有奢侈品的人投以羡慕的目光，从而增加了拥有这些产品的人的满足感。对于有钱人来说，这种社会认可和地位的展示是他们深层次的需求之一，他们愿意为此支付高价。

看完电影去买奶茶，你可以根据叫号牌观察奶茶店截至这个时间点一共卖了多少杯，前厨后厨分别多少人，奶茶的单价平均是多少，进而大致就可以估算出这个奶茶店的盈亏情况（如果想更具体地了解奶茶店的情况，可以分别选个工作日和周末，在这里蹲守两天进行更长时间的观察，结合对奶茶成本的理解、人力成本的熟悉，以及商场店租的价格、奶茶店加盟还是直营等各种成本，结合起来估算，就能大概知道这个店的真实盈亏）。

接下来，你们去吃饭，进入一家菜馆，观察这家店对空间的利用率、菜单、透明厨房的设计、特色菜的价格、活动和套餐的设计、服务的特色、员工的着装等，吃个饭的时间，你就能大概知道翻台率，就可以通过以上因素综合分析这家店的盈亏情况……

以上这些，就是刻意训练，而得出的结论就是流量至上、资源配置、浏览深度、转化、体验、从众、自我实现、成本核算等。

这就是思维模型的训练方式，通过大量的训练，尝试养成这样一种本能，你对日常生活中的每一个细节都能进行总结得出结论，并加成到你的认知中。

2.3.17 持续的力量

从小到大，听了无数的讲座，打了无数的鸡血，然而大多数人的努力轨迹往往都是脉冲式的（图2-7），只在被点燃的那几天猛冲几下，然后就后继无力，逐渐回归到原本的生活状态。

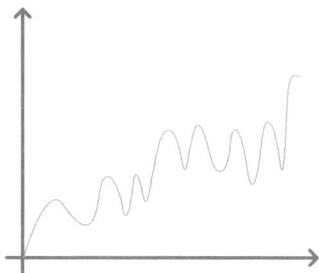

图 2-7 努力轨迹增长模式

这种模式对整个人生成长轨迹是有一定伤害的，反复的挫败感会让人感到自我价值丧失，产生自我怀疑。

相比之下，日日不断之功，持续稳定地用功远比脉冲式的短暂努力来得有益。所以，对于那些激励性的言语，最好是自己掌握节奏，根据个人需要适时自我激励。

"鲁莽中蕴藏着神奇的能量与魔力。"重复，也是如此。通过重复，我们不仅可以巩固已经掌握的知识和技能，还可以弥补之前未能充分理解的部分，使其更好地融入我们的知识体系。

绝大部分人并不喜欢重复。一方面，他们可能认为重复意味着自己不够聪明，需要通过反复练习来掌握基本功。但实际上，重复并非低效的方法，相反，重复可以产生高效。回想一下学生时代的英语听力练习，每多听一遍我们往往就能理解更多内容。这是因为已经听懂的部分为我们下次听提供了更多已知信息和语境，从而使得我们更能掌握精准的信息。很多时候我们往往误以为自己已经掌握了，实际上并没有真正地熟练理解，但为了自我满足，大脑会有你已经掌握了的错觉，就是这种错觉误人。就算你全部掌握了，都听懂了，也还可以加快速度再听一遍，那又是完全不同的感觉。我们不仅要重复，还要聪明地重复。

同样，日常我们看到一篇深度好文，从惊艳、反复看、理解到脱口而出、熟练运用，再到举一反三，这个过程是不是很有画面感？比如，在共读活动中，反复看到他人的总结，也可以深化我们对特定内容的理解，直到有一天你能够在某个场合自然地进行引用。这种每个知识点都有其"发光时刻"的感觉，真是非常令人着迷。

如果我们很难成为一次性就把事情做好的完美主义者，可以成为一个不断把事情做得更好的完善主义者。

2.3.18 关于自省和进步

大家有没有发现，我们总是在"不断地觉得过去的自己是个傻子"的过程中实现个人成长。这个频率越高，用的时间越短，说明进步越快。总结过去不代表沉湎于过去，不代表"钻牛角尖"。这里有两个词，我们可以尝试理解一下，以期获取更多进步的确定性。

一是"放过"，二是"交代"。

"放过"就是不"钻牛角尖"，放过过去的自己，不对曾经的错误或失败过分苛责和惦记。无论是高考成绩不理想、感情路上的挫折，都是已成定局的过去，你都无法改变，所以任何纠结和懊恼都是无效做功。再说了，为什么要站在一个制高点，再去为难当时弱小、彷徨、无助的自己呢？当时的我们已经很可怜了，已经用尽全力了。

"交代"就是一种解决问题胜过问题本身的态度，向前看，给过去的自己一个交代。记录下从过往的挫败中总结出来的经验和原因，虽然未来大概率还会再犯。为什么？因为不够痛，很少人会因为高考考不好，就奋发图强、励精图治，但你可以认真地写下自己的反思，比如："本人由于沉迷游戏，导致人生阶段性的失败，现记录，引以为戒。"写下来并时常翻阅，反复强化更能够促使自己真正做出改变。

2.3.19 学会归因

我们常听到一句话，"行有不得，反求诸己"，它强调的是一种焦点向内的思考方式。当遇到困难或者问题时，这种将焦点转向自身、基于客观数据导向的思维方式，是解决问题的有效方法。我们应该专注于那些可控的因素，对那些不可控的因素如运气或行情保持一定程度的漠视，才是迅速解决问题的捷径。

以电商为例，当销量不好的时候，我们要如何找到问题所在呢？如果盲目讨论，就会出现各部门相互推诿的情况：老板说运营不太行；运营说设计的图不好，点击率差；设计觉得是客服的接待不到位、回复慢导致转化差；客服觉得仓库发货太慢；仓库管理觉得价格体系不行，产品包装也不好，品牌名取得太难听……

为了正确归因，我们应该先厘清这些问题：价格和同行对比如何，是否在同级产品中略贵；点击率到底是多少，和行业均值比是否有很大差距；转化率是多少，是否低于大盘水平；物流怎么样；接待回应速度怎么样……这样，就会有清晰的数据来指导我们归因。

同样，在遇到一些没有对比数据的情况时，我们可以自己和自己比，比如看看当月比上月同比增长多少。而那些诸如大环境不好、运气不好、周期波动等不可抗力，或者说不可控的因素，就算你想再多也没法改变，还不如在思考归因的时候，把它们剔出考虑的范畴，反而会更加清晰。

当然，考试考得不错或者不及格，健身效果很好或者身材走样，诸如此类的向内归因都会让人更能接近正向的力量，提升自我控制的能力。

但辩证地看，这种归因方式并不总是正确的。比如，一些大厂的员工在现成的平台上取得了一定的成绩，却总无视平台有着健康运转的系统，看不到自己的成就有多少是建立在对公司资源的利用之上的，没想过如果缺了健全的前端和后端支持，少了高效的机制与流程，自己是否还能游刃有余。

这时候，如果需要对所获得的成就进行归因，是不是应该刻意地弱化自身内部的元素，而去强调外部的协作呢？

归因的场景还有很多。在信息不完整时，遇到冲突，我们会下意识地按喜好去归因，比如你的朋友闹别扭，这个人和你说的一套换另外一个人可能会完全不同。

　　有时候，我们喜欢把他人的行为归因于其自身的特质，却忽略了当时的场景。比如同事迟到，或者表现不好，我们可能会认为他不守时或者自身水平不行，几乎不会去考虑是否今天全城大堵车或者他刚好感冒了。

　　综上，在归因时，我们需要考虑两类因素：外部因素和内部因素。运气、事件难度、外界环境、协作团队等就属于外部因素；自身状态、能力、努力勤奋、要性等这些就属于内部因素。

　　当然，如非必要，很多事情没有深挖的价值，也没有怀疑的意义。这样的思考，有利于我们培养正确的归因方式，让我们在生活、工作、社交关系中避免犯宽于律己、严于律人的错误。

　　同样，在归因中不要轻易下结论，不因人废言，不因言废人，尽可能收集更多的信息和数据，剔除不可控的因素，多方求证，尽量谨慎地去做判断，以期获得更大的确定性。

三
关系

有句古老的谚语是："离群索居者，不是野兽，便是神灵。"在现实生活中，虽然也有喜欢独处、性格孤僻的人，但没有人可以脱离社会而存在。

我们必须认识到，人是社会型动物，不能孤独地活着，我们总是在别人显性或隐性的帮助下才能活下去。人们生存、生活、工作、组成家庭、繁衍后代，所有的行动和思想都是基于整个人类社会存在的前提进行的。社会关系满足了人们最基本的生理和情感需求，真正意义上实现了提效降本。

因此，有着良好且健全的社会关系，有着优秀的关系建立与维护的能力，就成为我们成长路上不可或缺的确定性。具体如下：

和睦的家庭关系、婚姻关系和亲子关系，除了能给我们带来实际的支持和帮助，还能提供牢靠的情感支持和安慰，让我们有安全感和归属感。

良好的朋友关系不仅可以增强我们的群体认同感，让我们生活更丰富、情绪更稳定，我们还可以通过分享互动，加速经验、知识和技能的获取，优化资源和机会的流转和利用。

稳固的团队关系，可以让社会分工、协作的机制更加高效。有了彼此的信任和合作，个体的能力和经验可以得到更好的发挥，更容易自我实现，提升整体效率，群策群力，推进共同目标的实现。

客户关系上，要理解一个词——客户的终身价值（持续消费，转介绍，发展成为分销的可能性）。如果这个客户对你来说没有终身价值，那么他就不是最好的选择。生意不论是 To B 还是 To C，都是如此。流量很贵，20% 的老客户，往往支撑着 80% 的业绩，目前很多行业都是这样。

良好的客情关系维护，可以让公司加速实现总成本领先。不提信仰和精神支柱，不提文化和传承，单说在个人成长的确定性方面，社会关系也占了非常大的比重，在职业发展、学习、决策等方面起到了关键作用。

而当下的舆论中，有很多我认为并不正确的声音，"你若盛开，蝴蝶自来"，"摒弃无效社交，努力变强吧，世界会围着你转"，诸如此类。试问一下，这些矛盾吗？其实并不矛盾，实力的增强和有一个良好的关系网并不冲突，甚至可以说，良好的社交关系与人际关系维护能力正是变强的一部分。

3.1 亲密关系

3.1.1 "无知"的亲人

近年来，我接到许多关于亲情关系中与父母和长辈的冲突与对抗的咨询。让我们首先梳理一些主要的矛盾和问题：教育观念的差异、成长压力的不同体验、沟通障碍和语言鸿沟、子女独立思维与父母的过度干涉、朋友选择和社交圈子的差异、生活方式和生活习惯的不同、价值观念和道德观念的碰撞、金钱观念和理财方式的不同等。而这些矛盾出现的主要原因是社会发展的节奏过快，导致了完全不同的成长背景、生活环境和教育方法相碰撞。上一辈的人在他们那个时代用他们认为对的生活方式享受到红利或者看过红利，会更偏向于信任和坚持诸如"稳定才最重要"之类的观念。再加上数字时代带来的内容冲击，双方几乎无法高效沟通，才导致了对抗的局面。

虽然"代沟"这个词出现的时间只有几十年，但正如年轻人自己也难以完全理解和接受多元文化、无法完整地接受世界的割裂和多态一样，年轻一代也要正视并接受时代不同、思想迭代导致的认知差的存在。父母当年怎么用心教我们用铅笔写字，我们就应该同样用心教他们如何使用先进的电子设备，甚至还要更耐心，因为当年我们写字写不好，他们可能会责罚我们，现在他们对电子设备不适应时，我们理应耐心教，而不是感到不耐烦并责备他们，我们不能用同样的回应方式。

整体来看，接受亲人的无知，并演好孝而不顺（孝容易，顺太难）的戏，是当前最优解。

我观察到一种现象，抛开极少数的神仙父母不说（非常羡慕的少数派），普通人父母的认知最常见的有两种情况：一是混得不好，又无知；一是虽然混得好，但是无知。

长辈中，有些人生意做得挺好，或者靠着经济发展红利积累了财富，但他们的局限性是很强的。举个例子，那些靠酒桌文化拓展市场的人，他的江山，取决于他的酒量和喝酒的场次及覆盖面，相对于这个新的时代，还是无知的。

这种情况下，他们的建议基本上是不对的，或者干脆用一句话定义，就是少听他们的建议，毕竟他们混成什么样，你是肉眼可见的。就像我们常说的那句话：别和妈妈诉苦，她帮不上，也睡不着。这种共识下，最具确定性的行为就是孝而不顺，虚心接受，酌情而动。当然，破局点来自你自身变强，因为父母也慕强，你自证成功了，当他们开始事事询问你的意见的时候，就算是圆满和谐地完成了话语权杖的交接。

3.1.2 与原生家庭的关系

每个成年人走向独立的过程中，都有非常重要的一课，就是与父母分离，尤其是心理上的分离。认知的差异化，可能会让我们的想法或做法不再符合父母的期待，甚至让他们感到失望和难过。这是一条必经之路，没有什么万能的解法。因为，你能想象的，你认为你在父母心目中的形象和父母眼中的你，肯定是有差别的，我个人认为有三种解决办法：

（1）人人都慕强，包括父母，硬实力的提升是解决现有矛盾的最好办法。而有趣的是，当实力足够强了，你反而会涌起对他们更加浓烈的爱。有的人对现在的亲情关系不满，很多时候，其实是对自己现状不满。

（2）百依百顺，坚决不改。在外打拼的我们，能和父母朝夕相处的日子并不多，在这些相处的日子里可以顺着父母的心意，把每次相聚当成需要演好的一出戏，做好演员。为人儿女，每个人都可以是戏精，只要想通了这一点，也是能过好这一生的。

（3）如果父母是高知，那就属于沟通的问题了，可以尝试坐下来耐心沟通。冷静地想想，其实父母对你的不满不会超过三点，你对他们的意见可能就两点。双方可以把自己的真实感受说出来，一起探讨，解决问题。

所谓"闲愁最苦"，老人也有他们的自我实现，要让他们忙起来，有健康的爱好，有事可做。举个例子，有个朋友去年开了一家餐饮店和一家家政公司，交由他的父母管理，他的父母每个月有万元上下的收入，忙活得不亦乐乎。简单来说就是，尽量满足对方真正想要的，如果不能满足情绪需求，那就满足物质需求。

3.1.3 夫妻关系

这方面能说得很多，我选三点讲。

（1）男人，一种需要不断地用被认同感去饲养的"怪物"。

好男人是可以养成的，如果你爱他，请夸他，具象化地夸他，精确到每一个细节地夸他，让他自信、自强，这是成本最低、收益最大的投资。

（2）女人，一种听觉动物。

女人需要的东西在我看来，排名前三的是情绪价值、身体、财富。

女人相对要求较高，但又很感性，当你其中一个要素足够强，那么她们会愿意为你调节这三要素的阀门。所以，要改变能改变的，接受不能改变的，选一个发力点，做到最好。其中，给足情绪价值是可以通过刻意训练去实现的，而且见效很快。

（3）少年夫妻老来伴。

用一句话道尽爱情和婚姻的本质就是，配偶是这辈子陪伴你时间最长的人，是你一生中最重要的人，没有之一。如果爱，请深爱。爱情和婚姻，是关系双方共同经营的产物，不求始终如热恋的婚姻，只求真正理解这七个字："少年夫妻老来伴"。

最后，请记住，选择配偶是人生中最重要的事。成熟的两性关系，就是放低期待，做好彼此的支持者和陪伴者。

3.2 社会关系

3.2.1 "社恐"与敏感

"社恐"也就是所谓的社交恐惧，其实这属于一种高敏感型人格，是很常见的人格类型。

高敏感在某种意义上意味着善良，因为善良而变得小心翼翼。敏感型人格的人，总是在被动地接收信号，被动地洞察他人的难处，总想着为别人多分担一些，哪怕委屈自己，只要场面上皆大欢喜就好。高敏感型人格的人总是会体谅他人的痛苦，自然就无法轻易做到坦率，往往在事情未发生前就预设了冲突，于是，长期被压抑的表达欲与自我实现的愿景之间，就产生了一股扭力，让他们内耗且脆弱。这种玻璃心，使得他们越来越抗拒人际交往，干脆就不社交了。

我曾经在一本国外的杂志上看到过一句话："Sensitivity is a sort of gift"，让我印象很深，翻译过来就是：敏感是一种天赋。我们应该重构自己的感受、学会拒绝、善待自己、接纳自己、允许自己犯错、不讨好、设定界限、与自己和解、告别完美主义、勇于沟通、找到良师益友、正念冥想等，网络上甚至有"尊重他人命运，放下助人情结"之类的段子。但我觉得这些，就好比告诉你要保持健康、保持美丽、好好吃饭、好好睡觉是一个道理，真有那么容易吗？并没有。

请认真思考一下，这种过于敏感的人格，是否影响到你的生活，甚至让你的成长受阻？如果是，我有一些建议。

首先，从今天开始，保持起居环境和工作环境的整洁，坚持"认真打扮"这件事。这里指的是打理头发，做好面部清洁，好好穿衣，神清气爽。要明白，敏感是生理和心理相互作用的产物，总是让自己处于负能量状态，不修边幅，工作台乱七八糟，其实是下意识的自我保护和自我隔离。

其次，给自己定下两个目标。

一是拥有健康的身体。从生理和心理两个角度，都能解释这个问题，内啡肽的奖赏，优美的形体给人带来的自信，都能有效降低敏感带来的过激反应。就跟腰椎间盘不好练竖脊肌、膝盖不好练股四头肌和腘绳肌一样的道理，我们需要利用外力来控制。

二是勇于社交。无论线上还是线下，都要敢于交流，在法律和道德允许的条件下可以刻意尝试一些之前不敢尝试的新事物。比如参加一些新圈子、认识一些新朋友、尝试一些集体运动等。

我们也可以选择相信激素和基因。去爬山，或者徒步去看海，在山巅或者海边，或者无人的大桥、旷野，使出全身力气歇斯底里地喊一喊，发泄下内心压抑的情绪。累了就回家好好休息，你会发现自己由内而外焕然一新。我把这套方法，称为"生活的重启键"。

阳光、富氧、内啡肽，以及基因深处打破桎梏、唤醒本我的那种快感，会让你脱胎换骨，大踏步踩着的，都是阶梯，都是方向。我亲测有用，请用足够的仪式感去对待你的第一次。正在看这段文字的你，可能会觉得很难，没有勇气达成，但突破自己都需要勇敢迈出第一步，做好心理建设，大胆尝试，这些事其实并没有你想象中的那么难。

如果你已经是敏感型人格，已经是"社恐"，已经在内耗并束缚自己成长了，不妨去击破这些障碍，重新找回对生活的掌控感，拿到更多的成长确定性！

3.2.2 吃亏与原谅

"这些年我对她那么好，这次她却不帮我""我以前帮了她那么多次，没想到她还对我那么大意见"，大家是不是常遇到诸如此类的糟心事？其实，我们一定要想明白，施恩就不要求回报，更不要指望回报，否则大概率只能收获伤心和纠结。只有完全不求回报的施恩，纯粹的利他，你的付出才更有意义。

不要期待别人对你好，更不能要求别人对你好，别人为我们做了什么，我们要记在心里，我们为别人做过什么，则要忘记，对所有人和事，永远保持低期望。只有这样，才有可能真正体会到与人为善的快乐。这也就是我常说的，如果没有期待，每一天都会是惊喜。我们还可以从效率和能量消耗的角度来看，反复纠结、懊悔、钻"牛角尖"……这些大部分时候其实对最终结果并没有太大影响。

有几个词和大家分享："顺心意""念头通达""道心不稳"。是什么意思呢？有时候一些人吃了小亏内心很不快，却在大亏上"认怂"，比如我们为了20元停车费和人争执很久，却能在生意上"咽"下去十几万元的死账；或者在某些事后，忍一时越想越气，退一步越想越亏。这，就是不通达。

遇到事情，纯粹从得失的角度去思考反而更纯粹。我们可以尝试训练自己的算力，争取能精准快速地进行反应，这件事、这个亏，如果继续花能量去纠结或者抗争，会带来收益吗？如果不会，那我们不仅亏了，还赔了时间，何必呢？

当然，有一种可能就是，你认为出口气的收益，大过你为此的付出。这样也未尝不可，但前提是要想明白是否确实如此，并始终如此。因为，正确的定义，必须在时间和空间上都是稳定的。某些事，为了出气而做出的行为，可能会带来更多不可控的因素，甚至事后我们会为此付出巨大的代价。

把时间轴拉长，如果你口口声声说原谅了一个人，放下了一件事，但仍然耿耿于怀，心中感觉愤怒和痛苦，这说明你其实不懂什么是真正的原谅。原谅，不是为了别人，更多是为了自己。有的事情没有怀疑的意义，有的事情没有深究的价值，我们应该学会用纯粹的得失的视角去面对这类问题，这可以帮我们收获更高的确定性。

3.2.3 嫉妒心

我们在生活中都免不了会嫉妒或被嫉妒，该怎么处理这种情绪呢？我觉得可以用"获利思维"去解决。在我看来，嫉妒有几种常见情况。

第一种，嫉妒利益共同体。比如爱人、朋友、同事，他们的优秀像一个太阳，遮住了你的光芒。这时候你可以用获利思维来看待这个问题。你们的利益是一致的，他们的优秀可以让你们的共同利益达到 100，如果他们很弱，那么你们的共同利益也许只能到 70。因此，他们越优秀，你获得的利益就越多；反之，则你的利益也受到了侵害。记住，为人，终为己。

第二种，嫉妒非利益共同体。比如同行、竞争对手、老同学、路人甲、别人家的孩子……他们的优秀和成就确实会让人嫉妒，但反过来想，他们能否成为你的目标或是榜样，让你知道生活原来可以这样，成为你成长路上的一盏明灯呢？也许他们可以让你冷静，让你看清自己的不足，找到努力的方向和动力。

有些典型的地缘文化中，对混得不好的人看不起，对混得好的人又眼红，甚至想着去做损人不利己的事情，这些都是错误的、畸形的。任何攻击行为和纠结的态度，都会消耗我们的能量，且换不来收益。更好的选择一定是让他们的优秀成为你前进的方向和奋斗的动力。

第三种，是一种极端的情况，即没有任何理由、不分任何角色的嫉妒。这种情况常发生于社群中、电商、自媒体等非竞争关系的领域，由长期的焦虑以及怒己不争之类的情绪所引发。举例来说，马云去年买了座岛，可能你什么想法都没有，而一个同行上个月买了第2套房，可能会让你非常焦虑。为什么？因为你觉得你们的社会阶层相同，实力也不相上下，只要努力你就能超过他，但他好像比你更顺利。

又如，某次双十一，有群友接广告，有群友直播带货，有群友在天猫开店，都赚了一百多万元，这让只赚十万元的你顿时觉得自己是个"菜鸟"。刚好你又知道他们的号，于是你点了举报，或者咬咬牙花两千给对方的店安排了100个差评。分不清是否快乐的你，一晚上都没睡，冷静下来后也改变不了自己是个"菜鸟"的事实。

还有很多同类场景，都属于损人不利己的类型，也就是"单赢"思维。人一定是趋利的，如果一个人连损人不利己的事情都做，那一定是心理出现了问题。这就是"单赢者魔障"，只有我能赢，不许别人参与，甚至面对一个巨大的市场，他都会觉得多一个人进场，都会分掉原本属于他的份额。有则改之无则加勉，平庸，将会是对这类人最好的惩罚。

3.2.4 倾听和沟通

部分人在与人沟通时可能会存在这些问题：不耐烦、爱打断、爱给建议、爱下结论，总是喜欢替别人决定一些事情。当人家提出自己并不需要被谁代表、被谁决定的时候，他们会认为别人只是看不到自己想要看到的风景而已。

在关系的建立与维护中，倾听占据着很重要的位置。倾听不仅仅是一种修养，更是值得修行一辈子的学问。倾听决定着接收信息的多寡，是一个信息输入的过程，输入得越多，我们越能全面、深刻地理解他人的观点、情感和需求，知道事情的全貌，提高沟通的效率和效果，从而更理智地去应对人和事。

倾听，通过附和、重复、恰到好处的提问，保持他人叙事的连续性和完整度，表达了我们对他人的尊重和重视。这对于建立和加深人际间的信任和连接是非常有帮助的。

在注意力稀缺、人们内心普遍浮躁的今天，倾听的能力显得尤为难能可贵。这里还需要提到一个词——"摸机率"，也就是两个人或者多个人聊天、聚会的时候摸手机的频次。看手机次数最少的那个人，大概率是最在乎、最用心的那个人，也会是情商最高的那个人。

另外，也许大家都曾经历过这样的情况：同一件事情由当事人 A 和当事人 B 分别叙述时，由于立场和观点不同，听起来会像是两个完全不同的故事。所以，在冲突和误解中，有效的倾听能够减少误会，帮助解决问题，修复关系。

倾听还有助于我们获取不同的知识、见解和观点，促进自我反思，引发创造性思维的碰撞，推动新的思路和解决方案的生成，从而看到更多的可能性。甚至有些时候，倾听就已经是全部的意义了。人们倾诉时，往往并不需要别人给自己建议或是答案，只是需要一个倾诉的对象。给予他人一个倾诉的空间，这已经是巨大的情绪价值。良好的倾听能力，能够让别人在关系中感到被关怀和尊重，获得心理上的安慰和支持，感到满足和快乐。

倾听时我们可能会遇到一些让自己很难受的表达者。这时候，就需要反向思考一下，要怎么让别人的倾听更加愉悦呢？我们要想明白，"我的一切，与我有关"。没人能够对别人的经历感同身受。所以，前置讲解一定要快，我们要训练自己短时间内能说清楚一件事的能力，以期成为关系中讨喜的那一方。

举个例子来说：我是做房地产的，我想投放广告，预算大概是 30 万元，想要十月一日的头条，希望贵司帮忙撰稿，主要突出户型优势和价格优惠，我方简单审核后发布。这样的说辞简洁明了，既可以解决问题，又节省双方的时间。

那不讨喜的方式是什么呢？同样的场景：我是做房地产的，我们有央企的背景，我们一直都是行业顶尖，曾经投放过某某公司，效果都很好，行业最厉害的某某是我朋友，帮我们推了五期都没收钱……说了很久也没有进入正题，对方不耐烦也是正常的。

过于烦琐的说辞会让人反感，且没有什么实际意义。简言之，想要在社会关系中获得更多的确定性，倾听是一门不得不深入修行的大学问。我们要当好一个倾听者，同时做一个优雅的表达者。

所谓情商或者沟通技巧的底层逻辑，都可以用这句话来概括："话，是说给人听的。"一句话，在说出口之前，要想明白这句话的听众想听什么，你要用什么样的方式才能更好地让对方接受你想表达的，你想让他接收到的信息是什么。这才是沟通的真谛。

3.2.5 资源对接

很多时候，人的知识和资源并不仅仅储存在大脑里，更多时候，它们储存在人们的关系链里。因此，关系链就显得尤为重要，我个人建议大家有意识、有条理地去搭建一个资源库，一个涵盖你成长路上可能需要的各种资源的资源库。这个资源库可以包括各个方面，除了创业、工作和生活，去哪里吃喝玩乐、展会、酒店、旅行社、搬家、保洁、物流，甚至各行业顶尖的玩家、供应链、分销商、工具平台、广告商等，都可以列入你的资源库。

首先，你需要有这个意识，至于资源优质与否要根据实际情况来判断。这个资源库是动态的，会随着你的成长轨迹变得更加契合你自己，用心去给这些关系链的人提供价值、解决问题，尽量让自己能帮到他们，稳固一个能说上话的关系，就够了。需要注意的是不要乱用，为什么呢？大家是不是经常遇到这种情况：A需要一个什么资源，然后找到B，B又去问了他的朋友C，C的朋友D刚好有资源，然后分别打了个招呼把A和D介绍认识（图3-1）。你认为这样的资源勾兑的成功率有多少呢？

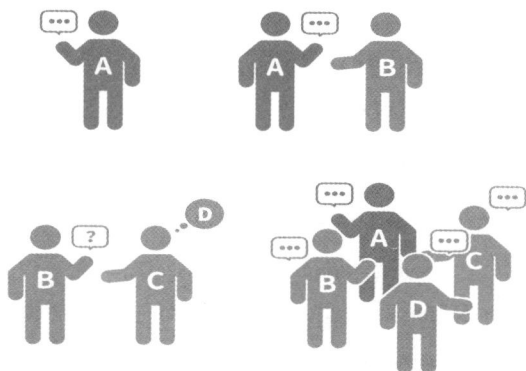

图 3-1　资源勾兑模型

实际上很低，但上述场景几乎每天都在大量发生。这是一件非常消耗人的事，不说基本上没法帮到彼此，就算帮到了，也常会被对方认为是理所当然的事情。此外我们还要担着一份责任，关系的两方会因为我们在中间起了一个对接的作用，更加信任对方。如果事情顺利还好，若是不顺利，两方或者多方的合作出了岔子，我们还要承担一定的责任，何必呢？

当然，有些时候我们是身不由己，被种种原因牵扯，不得不去对接一些人和事。这时候如果深度介入，去参与每一个环节，是非常耗能也非常挑人的。关系链越长，信息的损耗就越大，沟通的成本就越高，风险就越大，实在是得不偿失。如果真遇到这种情况，我们可以尽量多留一些文字或影音的存档，尽量多做免责声明。一时意气，图省事，往往会留下很多隐患，带来麻烦。

3.2.6 "心痛边缘"

我们在生活和工作中常会遇到一些需要分钱的场景，比如雇佣、供销和转介绍。马云曾说过人们之所以会离开，可能是因为"钱没到位"或者"心委屈了"。那么，心委不委屈，通常很主观，没有一定的标准。你当前能做的，应该都会做到位，但钱到不到位，就有很多"讲究"了。分钱的艺术有很多，这里我给一个非常有确定性的建议："心痛边缘"。

提到分钱，初级创业者经常不太懂得怎么"算好账"，记住"心痛边缘"就行。即只要你刚好觉得有点舍不得，又觉得他的"贡献度"很高，不可替代属性也很高，分出去刚好自己有点心痛但又能接受的边缘。这样，对方通常都会很舒服，你也会有一种虚幻的道德上的满足感。而且，这样的分配方式基本都会超出市场对对方贡献的定价。而如果你的"心痛边缘"低于对方的心理预期或者有市场共识的价格，那么就是你们双方的认知有问题，经历过几次调整，基本能很快确定这个心痛的阈值，从而在分钱上找到简单直接的确定性操作准则，进而维持良好的社会关系。

3.3 客户关系

3.3.1 客户与有效客户

首先，这里提到的客户指的是有效客户。那么，什么是有效客户呢？简单来说，存在于即时通信工具里、有基础信任、能够随时触达的客户就是有效客户。

更进一步，我们可以把它定义为曾经发生过金钱交易，且留存在你的即时通信工具中，并能够再次触达的客户。我们就可以称之为有复利的有效客户。

3.3.2 流量价值和客户价值

"流量价值"是指你的某个行为换来的流量，能够给你带来多少利益，是否符合"双高"，也就是高客单价和高利润，是否坚持只做有钱人的生意。如果不是，这个流量是否来得轻松，你是否清晰地知道这只是过渡，明白你的终局是要通过什么手段、赚谁的钱、赚多少、怎么赚。

"客户价值"就是和你发生金钱交易的客户是否迈过了最基础的信任门槛，你还能从对方身上反复创造的价值。举个例子，你今天出了 100 单日化产品，卖了定价 128 元的洗衣液套装，也都添加了客户的微信，但这些人有价值吗？有，但不多。

换个视角，你以同样 128 元的客单价，成交 100 单，但是卖的是祛斑祛痘的产品，或者减肥的小药丸，这些产品需要用在皮肤上或吃进嘴里，那这些人有价值吗？有，因为他们算是真正迈过了信任门槛的客户。

我们做事可以试错，可以只是过渡，但都无法保证五年后的自己是否还在做着同样的行业，记得多用这两个标准去框定终局，往往会收获更多的确定性。

3.3.3 认同与赞美

多听，少说，多说多错，少说少错。

客户永远赢，客户输则你输。很多客户会有自己独到的见解，甚至会在你的专业领域给出他的建议。这时候哪怕他是错的，也一定要先认同他，然后在他的基础上提出更"合适"而不是更"好"的方案，要满足他的自我实现，同时传递你的专业性建议，而不是单纯的"对抗"。比如可以这么说：您太专业了，不过我们这里可能没有办法按您说的做，我们有类似的 abc 套餐，您看可以满足您的要求吗？

我曾看到过一句广告语："Every time we race, you win（每次我们争论，都是你赢）"，并一直记到了现在。任何与客户的争执，不论输赢，我们都是输了。有些对自己产品非常有信心的朋友，或者对自己的服务或者专业非常有自信的朋友，可能会觉得客户都需要教育，要以"我"为准，必须用"我"的专业说服他。这样的精神很好，但一定记住，就像谈恋爱一样，"我爱你"很重要，但是方式方法更重要。我们不能去对抗，必须以退为进，让节奏回到自己的战场上，凡事先让一步，再迂回地去达成目的。记住，我们的目的是成交，而不是说服。

最后，我们要始终记得："先有消费，然后有消费升级；先有用户，然后有用户习惯。"熟练地运用"Yes and"（是的，同时）的应对方式，也许会给我们带来更多、更可控的确定性。

3.3.4 怯场

请大家思考几个问题：学生时代，运动会你会主动报名吗？老师提问你会主动举手回答吗？黑板报你会抢着去写吗？春游时你是不是最积极的那个？晚会和各种竞赛，你会认真参与吗？如果所有答案都是"否"，没关系，你性格如此，我猜起码有一半的人都是这样，其中也包括我。

上面的问题直击本心，大家可以认真思考。我们每个人都像一个苹果，有果肉和果皮。由于日照、温度、水分等的差异，可能会有不同风味和颜色，但最内里的果核才是我们的出厂设置。

一个人性格的形成与其从小到大的经历有很大关系，有时候我们要安于那样的状态，接受自己就是不善交际的人。但有趣的是，由于工作需要，目前大家对我的评价好像是"互联网圈交际花""情商天花板"等。这些年，我平均每天要见 2～5 个客户，与他们相谈甚欢，也并不觉得会消耗很多精力。这说明了一个问题，我的果皮和果肉被强行长出了不同的花样，而我们是同一个品种的果核。

这说明这一切都是可以后天训练出来的。首先我们要做到有话可讲，不冷场。这里有一个很重要的词，就是"谈资"。用不到一个月的时间，你就可以基本掌握和朋友聊天的大部分话题。比如，某些业务领域和行业资讯、各种奢侈品、名车、豪宅……在这个时代，获取信息是非常容易的。

有了信息储备，对内向的人来说是一件非常爽的事。当你体会到控场的快乐，就会对此上瘾，对各种信息都如饥似渴，强化自己这副永不生锈的装甲，进而不断循环，越强大越快乐，越快乐越强大。

用一句话总结社交圈就是：花花轿子人抬人。当一个最佳僚机和捧哏，是一个很讨喜的角色。如果你实在懒，我还有一个小技巧，就是倾听和附和。你要善于撩动他人的表达欲，一遍一遍重复对方的感受，再送上共情的话语，就够了。

怯场很多时候也是因为破冰不顺，延续这种不顺，气氛就会变得很尴尬。这里也有一个小技巧，就是训练自己的自我介绍。认识新朋友的时候，很少有人一字一句地说自己的名字，而是先给对方一个称呼，再清晰地介绍自己。建议设计一下自我介绍，控制在 100 字以内，半分钟左右，对着镜子，配合手势、眼神和微表情，练到炉火纯青。别不好意思，自我介绍流畅讲完，一次有力的握手，良好的精气神儿，微笑直视对方的双眼，对方会感觉你非常重视他。看到你那么正式，对方一定会礼貌地回复你一段关于他的自我介绍，我们再根据他的自我介绍，找一些共同话题，一来二去，话匣子就打开了。

另外，可以尽量让自己有一样或者多样普适的爱好。很多时候，我们的朋友的数量，取决于爱好的广泛程度。如果你几乎精通所有的球类，会打游戏，下棋牌，而球友、牌友的感情通常来得容易，关系也更加亲密，是互联网圈无往不利的一招。

至于附和，你可以试着想象，不管你和我聊到谁，不管这个人是好还是坏，你是什么情绪，我就换着语调回复你"呵，人呐""哈，人啊"，不管你和我抱怨什么，多么感慨唏嘘往事，我也换着语调回复你"唉，生活""嘿，生活嘛"。

按照以上的技巧训练自己，多尝试，熟练了之后，就不会再怯场了。

3.3.5 学会拒绝

低情商的一种表现，就是不会拒绝。要明白，事无大小，量力而行，当你遇到他人求助的时候，如果不想帮，或者做不到，就果断拒绝，为了面子强行接受，最后往往适得其反，自己费心费力，事情也没办好。总之，记住这条法则：当别人找你帮忙时，一定要痛痛快快地拒绝，犹犹豫豫地同意；而别人想邀请你去玩或者参加饭局，一定要痛痛快快地同意，犹犹豫豫地拒绝。

基于普通社交关系的场景，我具体解释一下，其中的因果关系，都可以用得失来衡量。痛痛快快地拒绝，是为了节约双方的沟通成本和心力。如果犹犹豫豫找各种借口，极限拉扯，这样到最后反而会让双方更加难堪。因为双方在拉扯的过程中会不自觉地投入，导致沉没成本增加，到最后不仅自己反感，还会给别人留下不好的印象。所以拒绝一定要干脆利落。

犹犹豫豫地同意是为什么呢？普通关系中，遇到力所能及的事情，确实对方又值得一帮，记得要犹犹豫豫地同意。如果你是一位设计师，遇到一个改图的请求，即使你可以5分钟做完，也请拖到他再次催促的10分钟后给他，或者他没有催促的2小时后再给他。让对方知道，你交代了，我认真做了，花了时间和精力，我很重视你。

挣扎着拒绝，确实是有事；痛快地同意，确实是重视。

3.3.6 情商和表达

和智商一样，情商也属于"出厂设置"。大众意义上的情商，其实是沟通的方式方法和为人处事的技巧，而这些方式方法，大概率和原生家庭、地缘文化，以及所处环境、身边的人有关。所以，多和有智慧、有阅历的人面谈，是提升沟通技巧的不二法门，毕竟，前两者几乎已经无法改变。

我们称赞一个人的情商出众，实则是赞誉他言辞得体，擅长处理各种复杂情境，展现出了高超的社交技巧。而这些技巧，是可以通过刻意训练快速提高的。我们来做个测试，如果别人给你倒茶，你会怎么做？你找领导敬酒的时候，会怎么做？不知道你脑海里有没有答案，是不是在别人倒茶的时候你会轻叩桌面表示感谢，敬酒的时候会下意识地让酒杯低于对方的酒杯？

这些规矩，是精华还是糟粕，我没有评论的资格。但是，你是否把这些行为定义为礼貌？为什么会被定义为礼貌呢？因为约定俗成。不管是别人告诉你的，还是你观察到的，都是约定俗成。而这样的场景有成千上万个，包括迎来送往、人际关系中的方方面面，无数个场景的"正确应对"，构成了大众意义上情商高的形象。

这就是社会的元认知，看上去理当如此。你可以把刚才的例子想象成一个"武器库"，只要有足够多的武器，你就是一个情商高的人。这些"道理"，需要人生的阅历经历，需要善于观察、总结、多问，需要真实的体感，需要在事上不断磨炼。

而一夜之间能够想明白，并且可以立刻提高所谓情商的有哪些技巧呢？比如：微笑是成本最小的善意；夸赞是产出比最高的投资；不说"我知道"；克制自己的表达欲；降低"摸机率"；在任何场合都尽量保持他人叙事的延续性和完整度，满足别人的表达欲……诸如此类。还有日常遇到的方方面面，突然悟到的或是观察别人学到的方法，大家可以仔细回想、思考，然后一点点记下来，丰富自己的"武器库"，慢慢地，你就会成为一个高手。接下来，应该是自我实现。顶级的情商，其实不是让所有人都舒服，而是让别人舒服的同时，自己更舒服，这就是修行的意义。这中间有很多细节，下面我会详细讲解。

先来讲个故事。某工会要竞选会长，到最后一轮时剩下两个候选人，其中一个叫李黑，惊才绝艳，各方面都很突出，是众望所归的会长人选；另一个叫李白，中庸之姿，但为人特别好，工会里的人都和他聊得来。大家心里都明白，最后胜出的肯定会是李黑。投票那天，李白还是和往常一样，里里外外帮忙操持着，笑容和善，似乎一点儿不在意自己即将到来的落选。唱票完毕，李白意外胜出。原因是大家怕场面尴尬，心想反正李黑稳胜也不缺自己那一票，担心李白票数太少下不来台，于是投给了李白……

故事讲完，我们来具体分析讨喜的人，他的边界到底能有多宽。人是社会的"动物"，是在别人的帮助中活下去的，一定要注意这点。个人努力可以带来一些线性成长，比如积累财富、多读书、健身等。若要实现跳跃性成长，就需要赶上时代的机遇，需要贵人相助。

个人努力是安身立命的基石，也是值得别人信任和帮助的标签，所以自我线性成长，也要想尽办法让别人看到，去吸引别人帮助你完成跳跃性成长。我们再来看两个关键词。

一是结构洞。结构洞就是社会关系中，关系双方缺少直接的链接，必须通过第三方才能达成链接，这个第三方，就占领了一个结构洞，也就是居间方。比如代理、中间商、媒介等都属于这个范畴。个人层面来说，比如 A 和 C 互相不认识，你与 A 和 C 都认识，那么通过你，A 和 C 链接有可能变得更简单。我们必须掌握足够多的结构洞，才能在社会竞争中取得更多优势。比如，在不同圈子中，我们要多认识一些平台方的人、代理方、资源方等。这样，我们就可以通过简单的反复链接，让自己的影响力扩张得更快，掌握更多的资源。拿创业举例，和你有关系的每个行业、每个类目，你最好都能够认识最厉害的那三个从业者，事情就会变得更简单顺利。

二是工具人。这里的工具人是一个很形象的中性词。人与人之间，因为认知、影响力和财富的差距，被分为一个个不同的圈层，做好一个工具人，是跨越圈层的基本功。比如，你上一级圈层的人需要办某件事的时候，会想着在你的圈层找人帮忙。人与人的时间价值并不相同，每个人的产能也不相同，寻求帮助是一件很自然的事情，是社会分工合作中一个很小的缩影。譬如，构思一个场景时，倘若需要某种资源，你便会四处探询。你或许会询问身边的朋友，是否有人从事视频代拍工作，或是认识擅长文案代写的专业人士。在这个过程中，实则蕴藏着无数的机遇，是跨越不同领域与圈层的契机。请记住，知识的储备与应用无处不在，我们应时刻保持谦逊与学习的态度，成为善于利用资源的工具人。

有人想买量，有人有量想出；有人想找供应链，有人有货想找人卖；有人想投放，有人有好的开户资源和返点……只要你是一个足够好的工具人，占据了足够多的结构洞，一定能够利用好社群，赚钱的同时还能穿透圈层。

所以，先不要想着有效社交，人都有很强的主观能动性，这很好，建议你从社交开始，然后让自己的身体去自发调整社交的优质水平。人人都想要非线性的增长，都想要向上社交，我反而认为，实现非线性增长的机会和贵人，藏在同圈层社交中，必须在这样的社交里磨炼自己，做好工具人的角色，这样可能同圈层朋友的一个转介绍，机会就来了。

四
财富

4.1 财富是什么

对于普通人来说,财富最直观的表现形态,就是金钱上的富有。

而富有的概念是主观且多态的,比如:

1. 财富水平

这是最常见的衡量有钱与否的标准之一。一个人的财富明显高于周围人的平均水平,通常会被认为是有钱人。然而,这依赖于其所处的社会环境和社会群体,有些人在更广泛的范围内可能并不被视为富有,但在特定社交圈中仍然被认为是富有的。所谓"富甲一方",就是这个意思了。

2. 生活品质

富有的人通常能够享受高质量的生活。这包括稳定的教育资源、医疗资源、住房和休闲选择。如果一个人的生活质量和方式符合"优质生活"的定义,那么他们也可以被视为富有。

3. 选择自由

拥有财富意味着拥有更多的选择权。有钱人可以更自由地选择自己的工作、生活方式和兴趣，他们拥有更多的选项和拒绝的权利，这也被认为是富有的一种体现。

除此之外还有很多判定方式，比如有人认为有钱是一种心态，只要一个人的欲望没有超过他的财富，他就可以被认为是有钱人；也有些人可能会觉得有钱代表着一种社会责任感，钱是推动社会发展、人类进步的工具。总之，"有钱"是一个相对又主观的概念，每个人心中都有自己的维度和标准去进行定义。但不管怎样，没有人会抗拒当一个有钱人吧？

有趣的是，更多时候"有钱"并不是一个恒量，而是动态的，它代表的是你交换资源的能力。

举例来说，同样一笔钱，在3年前能买到200平方米的房子，租到500平方米的写字楼，招到月薪5000元的文员，交换到想要的资源；在3年后的今天，可能很难再买到、租到、交换到同样的资源了。

所以，想要在自己的生活中获取更多的确定性，就要学会保护好自己的财富，让它拥有更强的"拥抱变化"的能力。

4.2 存钱

4.2.1 不止存钱

不知道大家有没有玩过游戏，大部分让人上瘾的游戏都有一个机制，就是合成和收集。是的，囤积是人们基因深处的渴望，比如存钱。

存钱的意义不在于数字，在于动作。重要的是马上开始存钱，存多存少不重要，存的行为本身比较重要。我们可以利用好囤积癖，当你体会到那种囤积的快感，每天打开储蓄平台看看余额，睡觉都会更香一些。

同样，存钱的行为有助于我们厘清真实的需求。坚持存钱一段时间，也许你会发现，生活中大部分场景可以不花钱，而少数必须要花钱的场景，却并不怎么花钱。

花钱这种行为，代表你对这件事情的重视程度和这件事在你心中的地位与优先级。因为这是最客观的用钱投票。就比如我们取样或者做市场调查的时候，应当尽量用增量数据作参考，即愿意付费的陌生客户所提出的评价和建议，这类增量数据相对更有价值；而存量数据中的反馈，比如朋友圈里问的问题，得到的评价往往不够准确。

存钱的行为可以非常直观地改变你的消费习惯，这笔每天都在增长的财富，也会让你更加知道生活的意义。

同时，如果你的财富没有达到一定的数量，存钱会是较好的选择。不要相信理财，"你不理财，财不离你"。不要和有掀桌子权力和能力的人玩牌，除非你有参与玩牌的资格。

4.2.2 时薪的概念

要想对钱有概念，首先要对自己的价值有概念。不会用钱换时间，低估团队的作用，不重视协作的意义，事必躬亲就真是犯糊涂了。要明白，日常生活中，你的产能如果是 100 分，起码有 70 分以上用在了琐碎的事上。

有了这个概念并践行、优化之后，你的财富一定会增加，甚至会莫名其妙多出一些。

举个例子，刚进入社会的朋友常会遇到一个通勤时间的问题。很多一线城市的朋友，需要花三四个小时上下班。那么，一个没道理的算法，就是尽量搬到公司旁边，最好是隔壁栋。这里有一个公式，如果：时薪 × 日通勤时间 × 每月通勤天数 ×0.8 ＞搬家后多出来的成本，建议直接搬家。

比如，你的月薪是 2 万元，时薪就是 100 元左右，那么，你每天通勤 3 小时就相当于用价值 300 元的时间做无用的事，这样，每个月会浪费六七千元，倒不如花 5000 元左右的月租金住在公司旁边，这样反而更划算。

不要在意多出来的时间是用来发呆、打游戏还是钻研精进了，即使没有多出来的时间，你该发呆还是会发呆的，时间多出来反而可以自由支配，创造更多价值。

同样，你必须先有一个设想，就是 5 年后，你期待的时薪是多少，并用这个标准来要求现在的自己，那么你的每一天、每一分钟，都会过得更有价值。

如果你是一个创业者，就更需要理解时薪的概念了。我们来算一笔单位时间产出的账，比如你一个月能赚 25 万元，每月工作 25 天，每天有 5 个小时的有效工作时间，那么，你的时薪就是

2000 元。

如果你的日常时间，大约有 70% 用在琐碎的事上，而这些琐碎的事，如果能有一个助理来替你完成，哪怕是月薪 1 万元的助理，她每月工作 25 天，每天 5 个小时有效工作时间，那么她的时薪就是 80 元。如果你不请这个助理，你就是在用 2000 元的时薪，干着和 80 元的时薪一样的活，这就是不划算的。

善用你的时间，它能帮你获取更多的确定性。

4.2.3 目标的正确打开方式

不知道大家是否曾经幻想过拥有巨额财富，或设定过超过千万元的目标？实际上，许多人并不清楚 1000 万元究竟是多少。但换个角度来看，其实 1000 万元，仅仅是一个 3000 元利润的产品，卖掉了 3000 多单，这样想会不会感觉简单一些？

那么我们残忍一点，反过来看，假设你想在一年内赚 1000 万元，这又意味着什么呢？

一年除去节假日，大约有 50 个星期，每个星期有 5 个工作日。如果每个工作日有 10 小时的有效工作时间，那么你需要在每小时创造 4000 元的利润（1000 万元除以 50 个星期，再除以每周 5 个工作日，最后除以每日 10 小时）。

若这一观点我们有共识，那么任何不以每小时创造 4000 元利润为目标的行为，或者你目前在做的事对实现每小时 4000 元的收益没有帮助，不妨停下来，想一想怎么改变才能靠近这个目标。这样看，是不是会清晰许多？认清了这一点，我们也能对"确定性"

的认知更加清晰。

4.3 赚钱、花钱和分钱

4.3.1 赚钱，是最大的修行

要记住，时间轴拉长，你的财富就是这个世界对你外显价值的认可，概莫如是。

当你被满世界、各平台的喧嚣迷了眼，不知道要做什么的时候，不如将赚钱定为你明确的目标，确定、坚定、笃定地为此努力，这样你就不会陷入那种为了忙而忙却毫无意义的泥淖。

比如，有的朋友毕业的时候，导师多会说："别把钱看得那么重，要注重积累，多学点东西，为将来打好基础。"这有错吗？好像没错。但你有没有想过，这和赚钱冲突吗？为什么不能站着把钱赚了呢？在赚钱的过程中，再注重积累，多学点东西，这样岂不两全其美？

比如，有的朋友会去考各种证，或者进修等。但有多少人是真心想深造，通过证书交换一些更好的平台或者资源？还是仅仅为了逃避社会、逃避家庭、逃避真正要做的事？

比如，有的朋友身无分文、穷困潦倒时，是不是可以先做一份销售工作，甚至是打工卖体力，而不是空谈好好看书却不付诸行动？感觉钱不够花的时候，是不是可以多想想怎么开源，充分利用时间做做副业，实现一下人生的第二曲线，而不是追求所谓的提升认知，却没有真正做到提升？

忙到底是为了逃避现实、麻痹自己，还是为了实现确定的目标？多做事，认知隐藏在事里。

好好赚钱吧，"钱是英雄胆"。

4.3.2 钱的用途

长期来看，理财重不重要？当然重要，你不理财，财不理你。但是对普通职场人或者初期创业者来说，比起拿有限的钱去投资理财，更好的选择是投资在自己身上。

1. 投资能力、认知

没有人能够夺走你自己内在的知识和技能，每个人都有自己尚未发掘的潜力。多学习、多输出，这方面的投入产出比是没有上限的。

2. 投资形象、健康

要明白，美貌的背后是自律，好精神里藏着好心态，衣着体现了对生活的态度。一个健康的身体、一身干净合理的穿搭、一腔饱满的精气神，能让你在社会关系中始终处于讨喜的一边。

3. 投资资源、关系

在感情里，所有的付出都需要被对方看见，而不是感动自己，对方却一无所知。钱在感情中的作用也是很关键的，除了感恩、走动、回馈之外，要明白，日常中多投入钱，对朋友而言是有正向意义的。能多请朋友吃饭就多请，有能力买单的时候就尽量买单，你的付出被看见得越多，对方越愿意和你亲近，长此以往，就更容易维持友好关系。

至于这样的付出值不值得，筛选的人对不对，多试几次，我们就会有经验了。

4.3.3 知识付费

在这个信息丰盛的时代，为知识付费、向优秀的人学习，是决策路径最短、决策成本最低的头脑投资行为，可以让你节省大量的信息收集和甄别成本。我从心态转变和实操这两方面进行讨论。

在心态上，我们要有主动付费的觉悟。市面上的课程确实鱼龙混杂、良莠不齐，整体风气不太好。但是，比起全盘否定，我更希望大家冷静下来思考知识付费的意义。下面我尝试举两个例子。

（1）我发现大部分人存在诸如"如果他那么厉害，那为什么还要出来教人做？为什么不自己做？"之类的质疑。我的理解是，我们可以以"是否会教人"作为判断标准将人分为两类，一种是"球员"，另一种是"教练"。再厉害的球员，也需要有教练指导；再厉害的教练，也是从球员中产生的。一个未来的好球员要做的，只是用他的认知和运气去发现一个好教练罢了。

（2）也有一部分人质疑"某某又在割韭菜了"，认为知识收费就是在"割韭菜"。但如果没有传道授业解惑的人，我们要如何获取知识呢？

如果一个人能有那么多人为他付费，他本身就不简单，而且他的圈子肯定也不简单。"韭菜721定律"（即7成学员两手空空，2成学员收获满满，1成学员飞黄腾达）永远适用——总有人盆满钵满，也总有人一无所获。

在实操方面要注意以下几点：

（1）看内容。你都已经临近付费边缘了，那么你对这个领域通常会有最基本的了解。结合你的理解，看看对方的推文。大部分好的导师，一般不鼓吹、煽动焦虑情绪，也不会过度承诺。如果推文的字里行间都在煽动你的"中年焦虑""宝妈焦虑""副业焦虑"之类的，请谨慎付费。

（2）看背书。很多课程、社群都有各种花式头衔的大佬站台背书。但是其实你很多都不认识，"花花轿子人抬人"，无可厚非，抱团营销也是很好的策略。

我对这方面的分辨原则是，如果站台的有行业或者相关行业内成名五年以上的大佬，且你对这个大佬熟悉且尊重，那么可以学习这门课程。一是因为这些名声在外、德高望重的大佬不会轻易给人站台，二是就算大佬看走眼，你就当为信仰买单，心里踏实，对自己也有个交代。

（3）看最短信任链。你从哪个朋友那里知道了这门课，就直接问他是否靠谱。如果信任一个人，就信任他给你推荐的课，这是决策成本最低的方式。如果有一天，你发现这个朋友的审美或认知不足，就可以减少这份信任。

自古以来，好的知识和经验都是稀缺的，用钱换知识和时间才是明智的选择。

4.3.4 "望闻问切"

"买到等于学到，看过等于练过，收藏等于永不翻阅。"这是不是很多人的现状？

我曾经也是一个互联网知名"电子垃圾"收集者，精通各种笔记软件，擅长各种云端存储，收藏了巨量的所谓干货、心得、秘籍等资料，圈内很多人都羡慕我这个堪称顶级的"人肉搜索引擎"。不知你们是否和我一样，有过这种沉醉在虚幻的囤积快感中不可自拔的日子？

那么，面对市面上各种式样、花团锦簇的知识付费课程和社群，我们要如何才能找到最快、最好的方式，尽量让自己有实打实的收获呢？我给大家分享一下我的独门秘籍，叫作"望、闻、问、切"筛选法。

1. 望

"望"就是观察这个产品的海报，看它的内容介绍里有没有过度承诺、引起恐慌、激发焦虑的套路，比如"90后宝妈躺赚""零基础月入百万""七天出马甲线"之类的承诺和吹嘘用词。通过这一步，我们就能淘汰掉大部分和自己价值观不符的"镰刀选手"了。

前文说过，这个时代，决策成本最低的路径就是"跟对人"，跟对人很重要的一个因素是，我们始终要向有结果的人学习。可以通过各种渠道，收集一下这个产品主理人的过往战绩，再根据你的经验判定真伪，结合价格，看看值不值得去尝试。确定通过初筛的选手，我们就可以进行下一步了。

2. 闻

传道授业解惑，是一件非常难的事情，它的基本功能和意义，其实是抹平表达者和接受者的信息差的一个过程。这就有意思了，有些主理人虽然非常有实力，也做出了辉煌的成就，但是不一定会教授他人。这时候，我们就应该去"闻闻看"。

有句话是，"在公开的信息里有魔鬼，越神秘，越危险"。找到这个人之前的作品，去闻闻，看这个人的风格对不对你的口味——他的作品在你看来是故弄玄虚，通篇专业术语，却无法落到实处；还是深入浅出，鞭辟入里，见字如面，句句说到你心里。适合自己的，才是最好的。

3. 问

当我们确定了这是好的产品，是对的人，是不是就可以开始付费学习了？不，别急，"路在嘴上"。再去问问看，选几个对你而言属于切肤之痛的问题，带着诚意去聊聊，看看这个课程的老师是不是真的能帮你解决问题，真的能给你提供价值。

有些付费课程的老师确实很有实力，知识渊博也擅长教授他人，但是他的任务量过载，学生太多，服务不过来，这种反而不是最优选。与其选择一位实力超群却无暇悉心指导你的老师，不如寻觅一位既有时间又有精力，能够真正助力我们成长的老师。因此这种情况也值得我们三思。通过提问与交流，了解他的回复速度和服务态度，就可以大概判断他的状态是否过度忙碌，是否有额外的精力服务更多求学者。

4. 切

找到合适的老师和课程以后，就要上手实干了。在这个过程中，要学会感知这个产品是否有敦促你学习的效果，有没有学习交流群、打卡群等组织，教授者和经营者会不会主动询问进度、布置任务，迫使你行动起来。

我一直认为，交互和交付同样重要。要知道，不管是学技能的过程中，还是成长的轨迹上，陪伴式的学习往往能让你少走很多弯路、少踩很多坑，拿到更多的确定性。

4.3.5 人脉是什么

我们经常提到"人脉"这个词，但我感觉许多人对这个词有误解，并且把它上升到了一个不应该有的高度，其中最大的错觉有两个。

第一是误认为人脉就是指能帮到你的人，而忽略了自己能为对方创造价值、解决问题，也是有人脉的一种体现。

第二是误认为拥有各种高端人脉的人是通过所谓的技巧和钻营，撬动了高于自己层次的资源。实际上，同在高处的人彼此互为资源，他们未必有多高的社交套路或者厉害的沟通技巧，但他们通过自己的努力走到了金字塔的顶端，自然而然拥有了这些人脉。

因此，获得人脉最好的方式不是去巴结"大佬"，而是把时间和精力花在自己身上，努力精进技能，理智社交，让自己成为更好的、更有价值的人，接下来的人脉关系就会水到渠成。

4.3.6 分钱的艺术

分钱的艺术整体来说就是"财散人聚"，这个策略并不高级，但有效。用合理的分钱方式，建立并维系和谐的合作关系，尽量延长这个周期。客观地来看，仅仅是用财富交换劳动力、信任、相对的忠诚、善意而已。

那如何在这方面获取更多的确定性呢？就必须多一些技巧，才能让同样的钱分出不一样的结果。

举个例子，奖励和激励，是不一样的，平分的奖励，效果通常并不理想。

奖励是：达成目标后，将10万元奖金平均分给手下的10个人，摸鱼划水的人和认真耕耘的人同样得到1万元，就像大锅饭一样。

那激励是什么呢？同样是10万元的奖金，按照业绩第一名5万元、第二名2万元、第三名1万元、第四名和第五名5000元，剩下每人2000元的方式给予奖励。

这样的话，同样花掉10万元，后一种方法对团队带来的业绩提升，将会是前者的好几倍，精英员工会想着往上冲一冲，平庸的员工也会得到基本的安抚。

激励的方式有没有局限性？有的，因为这是分阶段的，一开始的激励有作用，后期会越来越难符合精英员工的预期，平庸的选手也会知道自己怎么努力也没用，不如不拼。所以如果用这种激励模式，需要配上末位淘汰制，才可以让这10人的团队越来越强。

灵活设置你的激励机制吧，这相当有意思！

再举个例子，任何时候，只要是通过朋友或任何第三方人员的分销、转介绍、资源对接、提携帮助等情况获利，千万要记着将赚到手的利润分出去，哪怕对方没有提起。且注意，给钱、分利润和吃饭、感谢，是彼此独立的。不能有了其中一种，而忽略了另一种，长期来看，这样更有利于维护系统性的稳定和健康。

至于度应该如何衡量，古时候讲究"进四出六"，意思就是你赚100个铜钱，要分出去60个，自己实际进账40个。但是在目前的经济环境里，这样的规则显得两极分化，因为涵盖了各种不一样的目的和操作方式。比如一次性生意的感谢，和一次付费年年续费的感谢；比如以拉新为目的的促销行为，和没有复购的行业促销行为。

其中又牵扯各个领域的潜规则不同而有所区别。比如医美行业相对较高，传统贸易领域相对低，分利润各不相同，有些能到70%以上，有些就只能达到几个点而已。

还有许多不同的场景，但并不重要。重要的是在心中埋下这样的种子，遵循精心算过账后的"心痛边缘"法则，散财聚人，谋求更长的确定性。

4.3.7 用钱换加速度

要学会用钱换时间，用钱换加速度。

要有一定的分工意识，可以通过雇用、外包或者线上协作的形式。我们很难大包大揽地做完一个商业链条上的所有事情，尤其自身还处于发展初期的情况下。

比如，产品拍摄和平面设计，我们就应该花钱找人来做，而不是买设备自己学；比如，自己搭建直播团队，成本昂贵且流动性大，我们就应该尝试代播；比如，投放团队的人才难招，我们就应该尝试代运营；比如，互联网产品需求不是很强的时候，就应该尝试外包，或者干脆用现成的，而不是组个开发团队从头开始做……

学会把专业的事交给专业的人，把琐碎的事交给便宜的人。

遇到问题的时候不要一个人钻研，学会寻求帮助，实际上99%的问题都有现成的标准答案。如果花费你能接受的价格，找到相关专业人士，能够帮你快速解决问题，这就是投入产出比相当高的一种行为。

同样，信息和资讯也是如此，信息的价值就在于流通，这样才会有更高的杠杆（也就是优化资产配置模型：使单位产品固定成本降低，从而提高单位产品利润，并使利润增长率大于产销量增长率）。

另外，我们也要想明白，现今大部分的独角兽、大品牌、现象级的案例，都是通过投放广告实现成就的。

创业路上，如果取得了一些确定性，就要果断地用上杠杆，扩大团队，用钱去换取加速度。有时候时间窗口很窄，错过了这一次，就错过了一个重要的机会。

例子还有很多，道理却是共通的。

我们都知道，现金不可避免地会面临贬值，优质的资产可以保护好我们的财富。优质的资产可以是住房、商铺、股票、黄金，也可以是时间、抗打的技能、靠谱的团队、品牌、具有收租能力的自媒体账号、优秀的年轻人、手中信任你的客户……有些时候，尤其是在这个充满不确定性的时代，往往后者更具确定性。

五
影响力

5.1 影响力是什么

影响力就是调动人、财、物的能力，也是一种指导并改变他人思想和行为的能力。

每个人都有影响力，小到父母的思维影响着孩子的三观塑造，又或者是姐妹圈里，一个时尚潮流小姐姐的种草，让整个圈子都用同样品牌的护肤和洗护用品；大到一个博主的审美影响着他粉丝的审美，又或者一个畅销书作者的观点，影响着众多读者的成长轨迹……再大一些，品牌影响力、文化影响力，都算是"影响力"。

影响力也可以分为强关系和弱关系。哪怕是非常不善于社交的朋友，也都有着属于自己的强关系，会有一些朋友连去哪儿吃饭都要问问你；当你在朋友圈发一个销售信息的时候，总有一些朋友会给你捧场，甚至有些朋友你可以摁头推荐……这就是你的强关系。

强关系大多存在于血缘关系、地缘关系比较亲近，或日常生活交互频次比较高的社会关系中，比如亲戚、朋友、老乡、同学、同事等。

我们做生意需要有上下游渠道，在生活中常常有熟悉的店家和商家，偶尔会需要长辈关系网的提携，工作中需要对接一些业务伙伴，在社交软件上有一群志同道合的朋友，日常邻里关系也常给我们以帮助，社群里的熟人也许从未见面，但经常可以给我们提供前沿资讯和独到的视角……这些，就是你的弱关系。

弱关系常建立在必要的日常行为中由交流和接触而产生互动的基础上，但彼此联系较少，且没有什么情感维系。

由于交互频次的增加，弱关系有可能发展成强关系，比如情侣、合作伙伴等。且由于时代的发展，弱关系对一个人的影响力塑造起到了主要作用。一个人的弱关系越多，意味着他的影响力越大，也就越有社会地位。

对于普通人来说，影响力有助于他获得"收租"的能力，也就是被动收入，俗称"躺赚""睡后收入"。

比如，在知乎或者其他好物分享论坛上有几个运行良好的账号，接广告或者带货，月入十多万元，这就好比在广州有 20 套房子可收租；比如，你是个大淘客，发在很多网站上面的链接，可以天天给你带来佣金；比如，你的公众号、抖音号、快手号、微博，由于你的内容持续被看见，吸引越来越多的人，持续给你带来收益……这些都算能"收租"的影响力。影响力是每天都在递减的（熵增），如果你不持续输出价值，或者没有和用户持续发生关联，你的影响力就是每天都在减弱的。

如果实在没有独自"收租"的能力，你也可以尝试借势。比如加入一个社群或者论坛，在别人搭建的平台上翩翩起舞。因为这个年头，"圈红"往往要比"网红"来得容易，且更具信任价值。

在你擅长领域的社群里，找一个适合自己的位置，专心做好分内的事。社群的影响力扩大两倍，你的影响力就扩大两倍。

关于影响力，作为一个个体，我们能做的还有很多，接下来让我们一起分析一下。

5.1.1 影响力是怎么运作的

"想要获得势能，就必须不断做功。"

什么是做功？做功就是一个不断把动能转化为势能的过程，做功引起势能变化，个人影响力也是其中一种。

就像图 5-1 中推石头的西西弗斯一样，松懈就会吃力，不进则退。不输出，不发声，就一定会泯然众人。

图 5-1 西西弗斯推石头

随便举几个例子:

(1)影响力是一直在消耗的,你今天能借到的钱如果有一个衡量的数字,如果不持续做功(维护老朋友,结交新朋友),你能借到的钱的总数,是不断减少的。

(2)可口可乐等大品牌市场占有率全球领先,为什么还要继续做功(做广告,找代言)?这是一种防御动作,只要停止推广一阵子,它的市场占有率就一定会下降,甚至被超过。

(3)理论上,购物软件如果停止做功(做广告、做活动、买流量),它的打开率就会不断趋近于零。

(4)不再具有流量加持的明星如果不持续做功(有新闻,上热点,打情怀牌,做舆情),就一定会过气。带货翻车的过气明星还不多吗?

(5)热度较高的那些博主,要是几年不做功(不拍视频、不写文章、没有事件),变现能力就肯定会减弱。

那怎么定义一个人的势能呢?

如果只讨论正面的情况,一个人的势能就是他在人们视野里的可见度、被谈论频次及正面声量,以及他不断输出给他人的实际价值(含情绪价值)。人的势能会转化为人们对他的信任和关注,这个信任的纯度和体量,就是一个人的势能大小。

可以说,信任本身就能带来钱的价值,但我为什么会加一个"正面"作为前提呢?因为势能是没有属性的,负面营销也具有势能,我们可以质疑负面营销的效果,但不能否认这份势能会带来一定的价值。只是负面的势能所带来的价值具有争议性，不能一概而论。

我们常看到一些人的行为是在负做功，比如群发消息、朋友圈刷屏发动态，甚至日更一些无趣的文章和视频。

对此我有一个解释，就是当一个人的势能没有到达一个阈值，或者说输出的价值并不是那么高（或者说无价值）的时候，盲目做功只会起到反作用。

所谓的负做功很有讨论价值，我观察到了两种现象。

一是有一种人会在某一个时间点，用某一个价格，把自己卖掉，即把自己的势能变现，也就是全部转化为动能，"开闸放水"，"消耗信任"。

二是另一种人则会反复做功，做出势能，反复把势能转化为动能，也就是反复地售卖自己，不管多少，再不断循环。我们眼里的无效做功，对他来说是正向的、有意义的。因为对他而言没有价值的粉丝，没有任何意义。

讲到这里，你的脑海里也许会浮现出朋友圈的一些人，或是某些博主、微商……但你自己对他们的喜好或厌恶程度，是无法代表他们的受众人群的，且无法影响他们的真实情况，比如说收益。但对于这类人来说，"崩坏的点"始终存在，比如舆情、爆雷。

还有很多朋友会问，日更怎么会是负做功呢？这是因为，如果你写出来的东西真的很烂(无价值)，是不是会引起更多人取关？如果朋友圈过于扰民，是不是会被拉黑？再往深了说，日更的目的如果只是为了"悦己"，为了自己爽，记录美好生活，这没问题，但如果是为了获取影响力而做功，大部分的无价值日更只会消耗关注者的耐心，还不如一个月磨一篇爆文，以期穿透圈层。

随着时代的发展，人们的注意力越来越稀缺，消耗信任的途径已经不单单是金钱了，阅读一篇没有价值的文章也是很消耗读者的信任的。

总而言之，不论是为了自我实现，还是为了群体认同，我都认为日更的方式方法有更优解。你可以自己每天写文章、拍视频，但只选自己最满意的发出来，而不是毫无筛选地刷屏，消耗口碑和印象。

说到影响力，不得不提"IP"这个话题。普通人做个真正意义上的 IP，还是很难的。很多人整天说想做 IP，无非是为了获取一些免费或者便宜的流量，想在转化端更轻松一些而已。

默克制药的理念讲得很好，大概意思是：药是用来治病的，利润是随之而来的，不会缺席，不会迟到，不会少。

同样，IP 是一种副产品，是价值的副产物，是业务的副产物，也是结果的副产物。

回到刚才的势能和动能的话题，我尝试描述几种不同的情况，我们一起加深一下理解。

（1）当下，注意力是很稀缺的资源，注意力在哪里，钱就在哪里，同样，钱在哪里，注意力就在哪里。

举个例子，如果我和某位博主的水平相当，输出频次一样，她开了收费训练营，我们的部分共同的粉丝把钱花在了她身上，这部分粉丝由于花了钱，注意力就会被分去她那里，渐渐就会对我疏远。把这位博主和我的例子换成两个不同的社群，也同样如此。

（2）一个你很喜欢的博主，突然不更新了，你对他下一篇文章的期待值是提升了，还是无所谓？大概率是无所谓。现在的信息增量实在太密集，必须通过不断地交付和交互，才能实现和用户的强绑定，而最好的方式就是让他们给你花钱，不断地投入精力和时间给你。

（3）有时候，一个人消耗自己的势能，把这部分势能转化为动能并变现，这部分动能还可以重新转化为势能，让这个人影响力更大，更加值得信赖。

一般而言，一个知识博主或者 KOL（关键意见领袖）、大V，只要开始卖货、带货、变现，就是在消耗自己的势能。举例来说，网友们常说，"我们欠周星驰一张电影票"，如果现在他的《月光宝盒》重映，观众买票去看，也就不欠了。

所以说势能就是用来消耗的，消费者对品牌的忠诚大多数时候是靠不住的，价格才是他们决策的关键因素，也是最重要的因素，此外的服务和附加值则是最基本的因素。

当下的社会，人们的心理阈值、信任门槛越来越高，已经不是十年前看到二维码就想扫的时期了。

但势能就是用来消耗的，品牌口碑就是用来利用的。有势能却不消耗，没有任何意义。

在那个"崩坏的点"来临之前，如果做好筛选，这些动能都会重新转化为势能，不这样做，势能也会自然消耗。

至此，所有的线索都串在了一起，最优解是，我们消耗势能并将其转化为动能，变现、广告、推荐、带货、卖货、开课等都算。但是，这个转化行为提供了更多的价值，本身成为另一种形式的做功。

比如，我的一些粉丝朋友会给我如下反馈："不愧是涛哥，推荐的东西真是好用""感谢涛哥，要不是你，我怎么能加入那么好的星球""涛哥你推荐的书真棒，我学到了太多"……这些场景，不仅不会消耗信任，反而增加了我的势能。因为这是另一种形式的提供真实价值，解决真实问题。理论上，因为你有势能，你有信任你的人群，他人因为某个信息来自于你而首先选择相信，能够降低决策成本从而提高效率。

我用我的认知和社会阅历，帮大家筛选了一遍信息，而我的认知对我的朋友来说又刚好够用、能帮上忙，这就叫"够用指数"。这意味着，我觉得好的认知，大概率对我圈子里的大部分人来说不错。未来我只要维持这个"够用指数"，就能始终让他们有获得感。那我这个人的崩盘，会出现在什么时候呢？就是我为了钱，推荐了一些不太好的东西，大家对我有了"原来杨涛终究还是如此的，并没有什么不同"的失望的时候。

从商业角度来看，如果拥有势能的某个人选择用足够高的价格把自己的信任值卖掉，便会实现商业化的成功。

只要一个人不断提高自己的够用指数，他的势能就会不断提高，那么把自己卖掉的价格就会不断上涨。

这会不会是一个天使循环呢？只要你得到的自我实现，和大家给你的群体认同足够多，你对自己的预期，一定高于市场预期，就不会有把自己贱卖的一天。

以上的例子每个人都可以套用，每个人对自己的时薪、信用都有一个价格估算，如果自己的时薪或者信用不如期望值，该怎么做呢？不如，那就是不配，价格基本上压不住价值。也许你还会问，如何知道自己的推荐可以获得大家的信任呢？这个很好判断，你发出内容的那一瞬间、推荐东西的那一瞬间，如果内心无比笃定、坦然，百分之百相信你推的东西，有一种"要不是我，你怎么能知道这么好的东西"的感受，这就是对的感觉。

形象点说就是：当你思考一句话要不要说，不说；当你考虑一个东西要不要买，不买；当一个东西你犹豫要不要推，不推。

5.1.2 关于分享的杠杆

先分享个故事。

从前，有一座村庄，村里有个壮丁。有一天，他打猎得到了一头野猪，他灵光一闪，把这头野猪挨家挨户地分给了大家。从此之后，只要有人打到猎物，也会分给村里的每个人。就这样，整个村庄顺利地度过了冬天。

如今在互联网，有很多声称自己可以教大家赚钱的博主。我们可以想想，为什么他们要教别人，不自己闷声发大财？

再分享一个故事。

从前，有一座书院，书院里有个书生。有一天，他悟到了一些道理，这时候他做了一个最正确的选择，把自己的感悟，分享给书院中的每个人。从此之后，只要有人有了新的心得，也会分享给每个人。就这样，整个书院其乐融融，共同成长。

故事讲完，此刻，你一定有所感悟。除非是一个存量厮杀的赛道，大部分时候，乐于分享是一个能收获更多的方法。

阳光底下没有新鲜事，信息的价值在于流动，这是一种杠杆极高的行为。试想，如果你乐于分享，十个人中可能会有五个人记住你，日后，他们有什么好事，也会考虑带上你。

再比如，一些人每天都会记录收藏一些自己认为非常好的碎片化信息，比如深度好文、资讯、笔记或者自己总结的心得。其实，一个人在一定的时间内，获取的信息量是有限的，还需要花时间去甄别和筛选，并且也不一定能找到最干净、最优质的信息源。假如现在有 10 个和你同级别的人，每天也在做和你一样的事，你们组建个群，约定每天每人必须发一条干货，这样，你就可以用一份信息换到 10 份同样质量的信息，相当于你的干货加了 10 倍的杠杆。加上这个群不闲聊，可以说，这个群是信噪比最优、可以常年翻阅的好群。

5.1.3 要如何混圈

我发现，大部分时候，"网红"不如"圈红"，哪怕是"群红"，也是很有价值和拥有确定的、稳稳的幸福的。因为社群成员之间有着天然的信任，抗风险能力强，且难度系数较低。下面我将详细说明。

如图 5-2，一个圈子或社群，都符合这样一个规律：活跃人数和总人数的分布呈现出金字塔的形状。

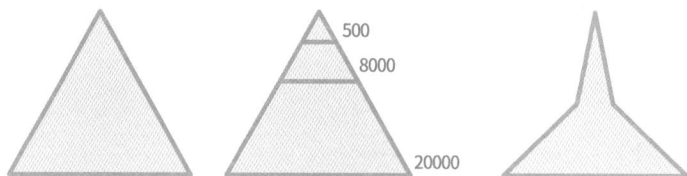

图 5-2　社群活跃度金字塔

大部分 500 人以上的社群，基本符合头部人员在 5% ～ 10%，腰部人员在 30% 左右，剩下的占 60% ～ 65%，基本属于"小透明"。头部人员会出现"内卷"，这种"内卷"几乎只涉及头部或腰部的人员，大部分成员是没有这个意识的。

新人往往不知道自己有机会，但其实机会到处都是。新人如果在加入一个社群之后，感受不到群体认同，多数会选择放弃开发这个社群的生态位。大多数时候，人们会选择回到自己的舒适区，殊不知已经错过了最好的机会。我的一位朋友曾说，每个人微信里一定要有一个律师、一个医生、一个交警、一个警察这 4 个好友，生活才会更方便，社群也是一样。

那如何找到自己在社群的位置呢？

这个问题我也一直在思考，直到某天读到成甲老师的一篇文章，里面有一句话是：良师益友，顶天立地。我觉得非常有道理，试着把自己代入进去，立足于小透明，努力拔尖，争当头部，那看起来就是这么回事了。

但是经过仔细思考，我发现可能有一些更好的解法。比如，顶天立地，可能不如铺天盖地（图5-3）。

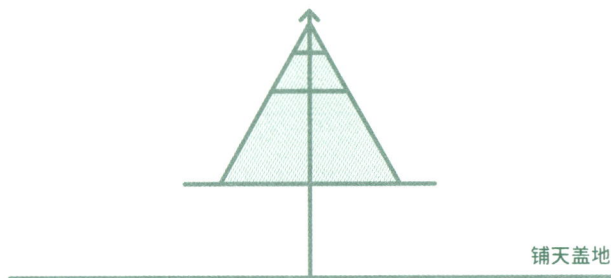

铺天盖地

图 5-3　铺天盖地输出模型

铺天盖地的意思是，应该做一些基本面更大的事，去发声，做一些目的性不那么强，比较普适的内容输出。让"圈友"感受到价值的同时，你本身就会变成"圈友"的价值。这些优秀的年轻人，可能在三五年后，就会跃升到另一个社会阶层，届时，这些被你影响过的人，就会在整个生态中起到一个中坚力量的作用，整个社群就会变成一个最健康的形态——橄榄型，腰臀非常丰满，能量非常巨大。

以上的道理放到整个互联网生态、行业生态，甚至各种因为兴趣、地域或职业而聚在一起的社群生态，都是通用的。你并不只在一个社群。

这里有一个重要的概念：生态位（图 5-4）。

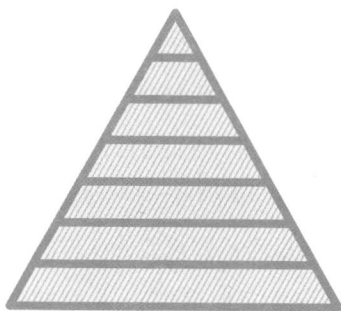

图 5-4　生态位金字塔

什么意思呢？

占位对抗内卷。比如，一个池塘内有鱼、蚂蟥、田螺、草、淤泥、各种微生物等，缺了任何一个都不能算完整的生态；又比如，我们上学时，似乎每个班都有一个胖胖的同学，有一个班花，有一个班草，有个班委积极分子，有特别喜欢打小报告的，有上课并不认真但考试考得好的人，每一类人都处于各自的生态位。

在一个健康的生态中，每个生态位都会有最合适的人。正如我们要在其中找到适合自己的生态位，一个位置一定要有人在，如果你放弃，那这个位置的红利就会被别人获得。

在一个生态里找到自己的位置，然后不断巩固自己的地位，你就可以享受整个生态带来的红利。所谓生态红利其实和选赛道是一样的。比如医美行业，第一年产值 10 万亿元，第二年 20 万亿元翻了一番，你只要在其中正常工作，第二年大概率收入也会翻倍。

很多优秀的社群都有各自良好的生态，每年的规模都会增长甚至翻倍。平心而论，如果你所在的社群翻一倍，你的影响力大概率也会翻一倍甚至不止，为什么呢？因为你还在不断破圈，放到整个内容环境也是成立的。例如，你在小红书的某个赛道占住了位置，小红书日活翻倍，你的日活也会跟着翻倍。

所以，我们要多去思考社群需要什么样的人，并不是一定你要有点什么，才能够占个位置。比如，你精通某个领域，也只能覆盖一部分人；就算你没有什么擅长的，只是一个卖工具的、做代运营的或是做保险的，也可以变成某个社群中最值得信任的乙方。甚至，如果你还没想好要什么位置，也可以去扮演陪伴者的角色，直到有了目标。

你可以理解为，找到生态位，用内容做工具，用陪伴作为方式，作为交互，慢慢稳住这个位置。每个社群都有很多生态位，越大的社群越是如此，其中有两个关键词：摇旗和点亮。

先来看一个模型图（图5-5）。

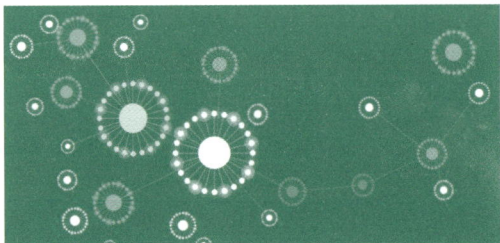

图 5-5　影响力光点

　　这张图在我看来无与伦比的美丽。

　　图中一个个光点，就是你的影响力节点，特别亮的光点，就是你的超级节点。你可以有持续的输出，就好比一个小太阳，你的每一分光和热，都有可能点亮其他的小太阳。每点亮一个小太阳，他们就会成为你的超级节点。这样，你就可以把自己的影响力覆盖到更大的广度和深度，所以我觉得每个人都有机会。

　　让每个"圈友"认识并了解每个"圈友"，就是一个社群做的最正确的事情。微信每个人都要使用，但真的好用吗？它在某些方面并不好用，却能让你每天打开很多次，花费大量时间，为什么呢？因为你的关系链都在里面，你的工作、生活，都离不开微信。社群也是一样的，所以，我们的机会就来了。

　　回到上文的两个关键词。"摇旗"是什么？"摇旗"可以理解为发声、官宣，就是如果你不"摇旗"可能就没人会在意你，你一定要找到机会展现自己。这里依旧遵循"我是谁，我在干什么，为什么非我不可"的表达逻辑。

　　另外，我们都知道，退出者是分享者的红利。关于这一点，我有一些新的理解，老"圈友"是社群的价值，新"圈友"则是老"圈友"的福利，也就是说每个社群的每个位置都需要有人。

　　不管你是卖保险的，做旅游的，卖软件的，还是有茅台酒特价渠道，在银行工作，在国外生活，是个老师……只要你能为"圈友"提供价值，或者有可能帮"圈友"解决问题，你就是有价值的。所以勇敢地发声吧，可以从改群昵称开始。

读到这，有些人想了一圈，觉得自己一无是处，怎么办呢？

这时，你可以认真观察下你所在的社群，是不是有以下特征的朋友：比如失眠的人，总是在深夜刷存在感；爱讨论八卦的人，常年在娱乐新闻第一线"吃瓜"，经常发各种小道消息；记忆力超群的人，随手能翻出来某一段聊天记录；养生专家；好为人师的人；爱发红包的小老板；搞笑、爱发段子的群友；爱组织活动的组织委员群友……

以上所列举的每一类，都算生态位。很多领域的小太阳还是空着的，我们要去点亮它们。发现并点亮，是一件很有意义的事情。

所以，站出来，被看见，被传播，被认同，被喜欢，被转介绍，等等，都是有意义的。这时候你可能会想，自己可能蹲久了，站不起来，就是感觉自己和别人差距太大，社群里厉害的人太多。首先我要强调的是"平视这个世界的勇气"，向上和向下，都要平视。另外，觉得自己不够好，这是一种错觉。我给大家举一个例子，比如我们经常看一些爆款文，或者抖音上刷到一些说教的视频，看着人家那么多粉丝，感觉也不过如此。事实确实如此。要知道，90 分可以教 70 分，70 分可以教 50 分，两个人差距太大可能反而教不好。

我们再来看一个模型图，又叫 T 形图（图 5-6）。

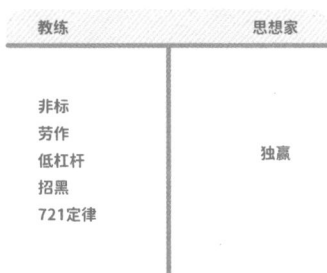

图 5-6　教练与思想家 T 形图

　　世界上可能有两种角色，一种叫教练，另一种叫思想家（或布道者）。教练意味着非标、劳作。劳作就是用时间换钱，无法规模化，没办法加杠杆，容易招黑，被"割韭菜"，这类人逃不出"721 定律"。"721 定律"就是指再厉害的教练，带 100 个人，差不多 70 个人不过尔尔，20 个人若有所思，10 个人收获颇丰，能达成这个定律的就属于顶级教练。

　　但是思想家就不一样了，思想家只输出思想，就比如图 5-7 的 UFO。UFO 上有一道光柱，这道光柱有一个覆盖面，这个覆盖面就是他的思想受众，也可以理解为粉丝。

　　我们把这个 UFO 当下所处的位置，叫作"够用指数"。现在的高度，能覆盖的面积，所覆盖人群的体量，就代表了你当下的软硬件所能匹配的最大影响力。

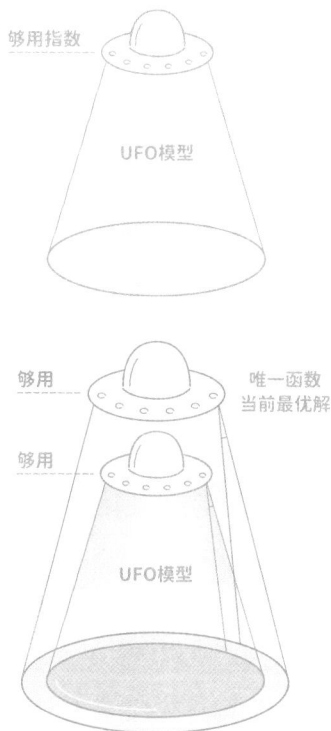

图 5-7 UFO 模型、够用指数与唯一函数

于是，成长的唯一函数就出来了，只要向上爬升就可以了。如果你能向上爬 10 米，那你的覆盖面，就会几何级数扩大。而且我们会发现，不仅覆盖面大了，照下来的光也更加强烈，折角还会扩大。所以，你只需要往上爬升，一举多得。

做事、做人、创业、生活、感情都是一样，抓唯一函数，只做那几件核心事件就够了。如果你发现某个时候要做的方向很多，那这件事大概率不行。我们来剖析一下。

光圈覆盖的范围，就是你的粉丝，光圈之外的，属于路人或者黑粉，对你的看法和理解与你没有任何关系。精准地认识到黑粉不加分，真正的粉丝得 1 分，你的人生永远是正数。

当然了，不要犯错，不要放弃，要始终在牌桌上，才能最终享受这种匀速增长的复利。

这里给大家讲一个故事：很久以前，印度有一位非常喜欢下棋的国王。为了奖励发明国际象棋的大臣，他问大臣想要什么赏赐。大臣说，希望在棋盘的第一个格子放 1 粒麦子，第二个格子放 2 粒，第三个格子放 4 粒，以此类推，保证每个格子里的麦粒数量都是前一个格子的两倍，直到填满 64 个格子。国王一听，觉得这个要求很简单，就命令管粮食的大臣按照要求准备麦子。

然而，当管粮食的大臣开始计算需要的麦粒数量时，就发现，即使把全国的粮食都拿出来，也不够填满 64 个格子。因为从第一格开始，每个格子里的麦粒数量都是前一个格子的两倍，到第 64 个格子时，需要的麦粒数量已经是一个天文数字。这个数字超出了人们的想象，即使整个国家的粮食也无法满足这个要求。

同理，有时候看似微小的积累在时间的推移下会产生巨大的变化，这就是复利的力量。这种不断提升自己的够用指数享受复利的操作，是最正确的人生算法，你也可以理解为"极限一换一"，就是被你服务或者与你有过交流的人，起码会向一个人夸奖你、介绍你，帮你引荐一个新朋友、新客户，那么你的终局会不可限量。

5.1.4 占位是人生的顶级战略

如上文所说，生态位就是对某个生态有用的一个人或者一群人的总和，相对优势越强，不可替代属性越强，则占位越稳，影响力越大，调动人、财、物的能力越强（图5-8）。

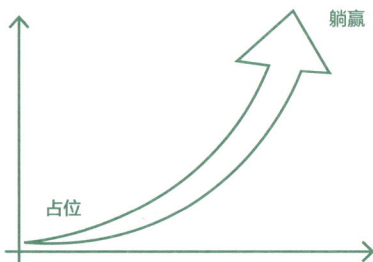

躺赢

占位

图5-8 确定性的占位

操作路径上，应该是"观察—充分理解环境—凸性探索"，即通过观察，发现适合自己的生态位，充分了解当前环境和自己的竞争优势，通过探索、执行、发声、逐渐占住属于自己的位置，不要急，不要停，就足够了。因为，德不配位，必有灾殃，在配得上的位，发声（重复），"摇旗"（表现），让人看见，去利他，给他人提供价值，给他人解决问题，让人喜欢，让人信任，让人传播，当达到一定数量后，确定性就会发生。

当然，不要犯错。这个时代的容错率太低，我们要低期待，求不败，先胜而后战。一直以来，在我的序列里排在第一的也一直是，健康地活着。

我为什么会有这样的想法呢？社会上有一种很普遍的思维，就是想一直赢，这也要那也要，腾讯也想做电商，阿里也想做社交，它们都想做短视频。当然我不够资格去评价这些，我也认为重来多少次它们也理应如此。但是对普通人或者初级创业者来说，努力占据生态位，先苟活在赛道中，再谋发展，这是一种顶级的创业智慧。

前文提到过，只要你在这个赛道里，努力地活着，几乎可以享受到整个赛道的红利，赛道翻一倍，你大概率翻多倍。当然了，不要犯错，这个错，于个人，就是道德上的，业务上的试错不算，于公司，不仅是道德上的，还有合规上的。

还有一种情况，就是"一鲸落，万物生"，一头巨兽的消亡，可以养活多个小生态。比如，教培行业不景气后，多出来的老师去了哪儿？是否便宜了那些接收方，用低于价值的价格收了优秀的人才？流量没人收了，这部分流量去了哪儿？是否有人用 30% ～ 50% 的价格，吃掉了这波恐怖的流量？再如游戏整顿、大厂裁员，类似这样的事情或大或小，经常发生。

回到刚才说的，就算你在一个生态里，暂时拿不到前三顺位，没关系，可以先选择在后面等待机会，做好自己分内的事。如果某天前面的顺位出了一些意外，或者战略性自尽，这时，我们的机会就出现了。

5.1.5 "5+5+5" 模型

如图 5-9 所示，"5+5+5" 模型就是：

图 5-9　"5+5+5"模型

5 个老师或者前辈：不管是微博、星球、社群、公众号，生活中抑或是朋友圈里，只要是可以给你启发的人，都可以。他们会带着你思考，指导并改变你的行为。

5 个志同道合的朋友：和你水平相近，略高于你最好，你能给他们提供价值，能帮他们解决问题的朋友。当然，帮忙都是相互的，行业等都不重要，只要你们三观一致，互相无私分享，他们能够在你遇到困难的时候，给到不带情绪的建议或是满满的鼓励就是有意义的。这样五个人每天聊也不嫌烦，就算长时间不聊，也不会觉得尴尬。

5 个你觉得你能对标的人：不一定是大 V，但一定是和你自己的风格比较搭，与你当前的软硬件各方面条件都能匹配，你通过拆解和模仿，可以照做的人。

在此，我们可以发散下思维。注意，这里的 "5+5+5" 不是固定的，每个人都在进步，保持饥渴，保持好奇心，时不时迭代一下自己的 "5+5+5" 模型，和他们一起成长，可以有更多的确定性。

抛开这个模型不说，其实哪怕你和 5 个同圈层的朋友建个群，每天就把看到的金句、图片、文章、感悟发群里，一年你就可以收获一两千条和你同圈层的人视野所及的感悟了。

都说重要的是"与谁同行"，尽早搭建起属于自己的战友梯队，可以获取更多确定性。

5.1.6 "50+1000" 模型

一个系统性稳定的人的基本盘，可以用"50+1000"模型来构建（图 5-10）。

50个
密友 / 智囊团

1000个
客户 / 交易过两次以上 / 迈过信任门槛的人

图 5-10 "50+1000" 模型

50 个密友或者智囊团。要求就是，他的势能不要大于你，起码进群的时候不要大于你，如果进群以后能力超过你，那是最好不过了。这个群可以用 10 年去实现，拉人困难，会极慢。

1000 个发生过两次以上交易关系，或者一次交易关系加一次情绪交互的客户、学员转朋友或同志。这个群也很重要，这是已经迈过信任门槛的人了，来自各行各业，你们都互为最先进的标本 / 样本，替彼此看世界。

为什么要这样呢？因为时代不一样了，当下大家的注意力被打得稀碎，社交弱关系中的忠诚度几乎很难维持，必须用仪式感和真正的交互才能维稳。交互和交付，同样重要。

基本上，当你成功搭建了这样的体系，未来的路就会很好走，最起码，冷启动已经不成问题了。

5.1.7 原则与底线

以铜钱为例，作为中国使用时间最久的货币，货币的使命是流通。铜钱外圆内方，所谓"守住心中一寸方，圆润世间千百态"。人也一样，大原则，小灵通，才是最好的道。这里的小灵通，我指的是，具体问题具体分析。

比如，"水至清则无鱼"和"世事洞明皆学问，人情练达即文章"；比如，"士可杀不可辱"和"大丈夫能屈能伸"。我们常在前人的智慧里发现很多矛盾的地方，其实它们都只是具体问题具体分析罢了。

同样的例子还有很多，比如："三百六十行，行行出状元"和"万般皆下品，唯有读书高"；"人不犯我，我不犯人"和"先下手为强，后下手遭殃"；"宁为玉碎，不为瓦全"和"留得青山在，不愁没柴烧"；"嫁鸡随鸡，嫁狗随狗"和"男怕入错行，女怕嫁错郎"；"退一步海阔天空"和"狭路相逢勇者胜"；"车到山前必有路"和"不撞南墙不回头"；"明人不做暗事"和"兵不厌诈"；"人定胜天"和"天意难违"。

此外，还有个观点比较有趣："个人即世界"。你的世界意志每时每刻都在被别人的世界意志侵扰，很多人都试图让对方的世界按照自己世界的规则运作。比如，当你听说一个道理，或者尝试告诉别人一个道理的时候；比如，舆论向你传递一些婚姻观、价值观、消费观的时候。

我们可以选择是否去影响他人的世界系统，同时也要保护好自己的世界系统，能够分清利弊并进行权衡，更加高效地选择过滤或者吸收他人世界传递过来的影响。

对我们来说最大的困扰，就是和主流媒体的纠缠，我们可以把它看成"环境"元素中的"信息环境"。这点我们其实是可以自己做主的，主动去找一个好的信息环境，哪怕暂时难以分辨好坏，也要在心中埋下分辨好坏的种子，慢慢来。

同样我个人认为，社会关系的建立与维护，也适用上面的结论。

原则有主次，边界能腾挪，什么意思呢？个人的原则在很多时候要服从更大的原则，比如集体的意志。比如你不愿意去团建，但又不得不去。腾挪是指什么呢？用帽子把自己框死，很容易矫情。比如，有的人戒烟成功后一根都不抽，有人问起就说戒烟成功了；有的人什么都不说，独处也不抽，在社交和气氛需要时，偶尔也来一两根。很难说前者和后者哪个更厉害，并没有标准答案。

特立独行没有错，原则性超强也没有错。人人心里都有一本账，不管是选择不合群还是与主流迎头撞上，都是可以的，只要做好不再享受主流给自己带来的利好的准备，算好账，都是没问题的。

5.1.8 心理建设

华杉老师说过：长期的成功靠修养。放弃顺应外部环境，一心修炼自己的本事。魔幻的世界，到处都是正确答案，但是它真的适合你吗？比起借鉴参考，我们更加需要干起来，通过经历去磨炼自己。

也许你曾听过马老板的经典名言"拥抱变化"，我们在不同的平台需要适应不同的规则，每年改变十几次甚至更多的规则，需要我们去探索和对抗，我们要时刻保持机动和敏锐，疲于奔命。

也许你会看到一些巧妙操作，他们或者利用规则漏洞，或者通过算法需求的闪亮时刻，但把时间轴拉长，不该属于他们的，绝对会被市场抹平。很多流量明星、闪光博主、当红产品，都是昙花一现。如果我们的唯一函数是产品或者内容，那么，是不是能够以不变应万变，长成真正想要的样子？

在这个过程中，我们也许会明白，被误解是表达者的宿命，遇到好辩者，或者被怼了，我们需要一些心理建设。在常态的自尊、自信、自强之外，我们多延伸几个点。

1. 你的价值，是由认可你的人决定的

先分享个故事，有个姑娘跟我说，她开了个公众号，粉丝并不多，大概几万个。某天，她开了个训练营，招募了 400 个左右参加者。开了没几天她就跟我吐槽说：有个别的人觉得这个课没用，想退款，还有些人说她是"割韭菜"，搞得她心情很崩溃，想给所有人都退钱，不干了。我就问她，大概有多少个人在闹？她说大概五六个。我当时就笑了，我说：其实，人的价值，是由认可你的人决定的，而不是那些跳蚤。与其把心思花在应付这些人身上，不如把自己变得更强大，把心思用在服务好那些认可你的人上，给他们创造更多的价值。

对喜欢你的人好点，对为你付费的人好点，对认同你的人好点，这是你的责任。你的精力应该献给他们，献给认同你的人，而不是花在闲杂人等身上，花一点点都是浪费。

要成为学习型的人而不要成为纠错型的。遇到一个不同意见，或者一个错误的言论，又或者一个说话不太客气的人，如果你因此而思考，去验证自己的想法，最终确认是否自己才离真相更近一些，这是好的。或者焦点向内，把别人当作镜子，看看自己是否也曾如此丑陋，是否有长成自己曾经讨厌的样子的趋势，有则改之无则加勉，这也能加分，都是正向的收获。

2. 不要纠错，不要纠结，让事情发生

如果你和人发生激烈的言语对抗，或者尝试纠正别人，抱歉，你这方面的不自律，将会收获一个敌人。不管你是在公开场合（尤甚），还是1对1这么做，大部分的人是不会因此而感激你的。面子这个坎儿，难有人能迈过去，经常有些大V事后拍大腿后悔地说：我这该死的胜负欲。

哪怕是一些很厉害的人，他们的体系也是完全自洽的，在他自己的逻辑里没有人能击败他，如果你硬要上去纠错，那么你可能看不出来他的不悦，甚至他自己也觉得感激，潜意识的伟大会让他不自觉地给你减分，从而不利于日后种种。这些都是负面的收获，看起来好像有些黑暗，但是很真实。

我们都在讲如何才能在一个行业活很久，活得越久越滋润，赚钱越容易。所以，我们才要给客户他真正需要的东西，而不是他想要的东西，迎合客户最多只能用作战术上的转圜，而不是战略上的讨好。

我们都相信复利，在这方面，你想要客户的转介绍，想要他的复购，必须用结果说话。只有结果是好的，才会让他发自内心地为你做推介，如果你只是顺着他的意思走，最终结果不好，他也许不会说什么，或者说不好意思说什么，只是，他在内心会发现原来自己是个小傻瓜，而你只是和他水平差不多的小笨蛋罢了。

3. 求同尊异

不一样的声音太重要了，可以让你冷静，可以让你思考。

在这个基础上，我们要感谢给我们泼冷水的人，从而更好地提升自己，为那些认可自己的人。

天黄有雨，人狂有祸，德不配位，必有灾殃。当然，质疑是好事，但不经过思考就反驳的不是，这类人被称为"杠精"。如果一个"杠精"的知识量足够大，那么他还是一个"杠精"吗？是的，除非他符合"谁质疑，谁举证"的原则。

举例来说，我讲了一堆心得体会，突然有个人回了一句"别听了，都是胡话"，或者说"涛哥，你这个也不对吧，我见过隔壁李大妈，她就不按这个理论，照样涨"，又或者说"涛哥，我们不能凭借这个案例就下结论，应该用发展的眼光看问题，这样才能更加客观地去寻找其他佐证"。以上这些都属于"杠精"发言。因为，它们没有信息量，确切地说，是没有信息增量，没有办法给我们带来思考，"听君一席话，如听一席话"的质疑，是没有价值的。

价值，就一句，记住，人的价值是由认可他的人决定的。补充一句，我的处事原则是：黑粉和路人粉不加分，真正的粉丝加1分，则我的人生，永远是正数，上不封顶。

4.断舍离

聚焦自己，少关注别人，少指手画脚。最近常有"放下助人情结，尊重他人命运"的说法，还有个说法叫"国内外驰名双标"，就是那种严于律人、宽于律己的选手。你们现在脑海中浮现的是谁的脸，反省下自己有多讨厌他，就要有多重视这一点，并警告自己以后不要变成这样的人。

更好的聚焦，需要断舍离。比如，每天删掉三个好友，退掉一个群，直到删无可删，退无可退；每天删掉一些手机里的截图和照片；每个月扔掉几件衣服；每年换掉一些四件套或者家电……

当然了，断舍离不是让你简单地丢东西。

断，断的是过往的糟心、自我的脆弱、自卑、焦虑、纠结等负面情绪，是与过往的自己做切割。舍，舍就真的是丢东西了，丢掉那些降低你生活质量的物件，它们都在无形中影响着你的能量。一句话概括就是，衣食住行用都可以当作生产工具来理解，用上最喜欢的生产工具，才能舒心开心，专注提效。离，离的是关系，包括让人无法获取能量的关系、让人感受到不适的人和事等，都是对自己巨大的消耗，从体力到心力都是如此。所以，不要沉湎其中，尤其不要因为习惯而不愿改变。

5.2 影响力的打造

5.2.1 言之有物

表达，是一个拉平双方信息差的过程。想要言之有物，起码要满足以下六点：受众分析、目标清晰、逻辑明确、举例典型、用词得体、扛住追问。下面我会详细说明，想要言之有物，根本是言之有用。

1. 受众分析

首先我们要想清楚，你的这次对话或者作品，是写给谁看的，普适度高不高，他们有什么特点，是在什么场景下接受这个信息，怎么能让他们更好地理解和接受。给大学生做演讲，和在互联网峰会上做报告，即使讲同一个话题，也肯定是用不同的表达方式和逻辑，这就是受众分析。

2. 目标清晰

在发生对话或者内容创作之前，我们要不断压榨自己，问自己这次想要阐述一个什么话题，有什么意义，想要达到什么样的效果，目标是什么。你的诉求和受众的诉求必须是高度一致的，这样就不会搬起石头砸到自己的脚（写着写着就跑题的情况很正常）。比如，你做一次官方品牌宣传推文，和给代理商做培训，和内部团队研讨，同样都是针对你的产品，但是目的不一样，重点肯定不一样，这就是主题清晰。同样，日常生活中，就算是闲聊，认真回想一下，我们的每句话都有目的，就算是讨好、搞笑也都是一样的，这就是主题／目标清晰。

3. 逻辑明确

我们的对话和行文，要尽量逻辑明确。主谓宾，起因经过结果，论点论据，是什么，是谁，在哪里，什么时候，到底怎么做，为什么这么做，一二三四……这些都是不同的套路。不同的表达模式，有不同的逻辑构成，这种思考熟练以后，你讲话会特有味道，别人会轻易把你跟那些开头讲 5 分钟，或者讲完依旧云里雾里的人区分开，而且特别提效。

4. 举例典型

举例典型，就是横向迁移能力，即把一个理念讲给你身边不太了解这方面的朋友听，讲到他听懂为止。一件事情，如果你能用很朴实的生活例子去解释，或者用大白话讲到你的朋友都能听懂，就算及格了。如果你能用三个以上的案例去解释同一个道理，就算有大成了。言之有物、有用，铿锵有力。

5. 用词得体

用词得体，ROI（投资回报率）、KPI（关键绩效指标）、OKR（目标与关键成果），这些词好不好？有些时候这些词比大白话还更有助于理解。中英掺杂行不行？行，确实在有些语境下适当加一些英文表达会更流畅和明白。抓手、私域、下沉、降维，这些词装不装？会不会让人感到反感？看情况，看和谁说，一切对话和内容，都是有目的的。体面，让对方爽，又不影响氛围，不影响叙事的完整度和延续性，就算得上得体了。

6. 扛住追问

扛住追问是什么意思呢？字面意思来理解，这个点还有一个应用场景就是日常追问自己，我们获取的知识将不断得到刷新，但是我们的底层能力，诸如学习、沟通、分析、思考，将伴随我们一生，每每进步一些，就有一些实在的功效。所以，日常追问自己，是能促进去芜存菁、言之有物的。

如上，我们可以用简单的六点概括，也可以展开聊聊，还可以针对每一个点去写一篇长文。这种抽象、概括的能力和说大白话阐述的能力是值得大家反复训练的，从而在沟通表达中，获取更多的确定性。

5.2.2 输入和输出

日常，我们经常看到一些大 V 在短视频里侃侃而谈，在直播的时候引经据典，信手拈来，滔滔不绝，让人很是羡慕。其实，知识面广、博学，是一个积沙成塔的过程，是日日不断之功。

我在这里提个问题：你尝试过那种被榨干的感觉吗？就是深感自己知识储备的不足，甚至有了羞耻之心，觉得没有话说了，一点都没有了。

如果没有过的话，一定要尝试一次，你就会体验到那种倒逼自己输入的迫切。同样的话你可能听过无数次，但只要试过一次，就能打破之前的局限和桎梏，豁然开朗。

至于日常的积累，所谓思考的沉淀物，就相当于"面包屑"。"面包屑"是指那些灵光一闪的感悟。人的记忆是有缺陷的，大家可能都经历过那种，依稀捕捉到一点灵感，仿佛在哪里看过却想不起来具体场景的情况。这时候，我建议大家用一些关键词，记录下来这些"闪念"。我用的是 flomo，一款非常好用的笔记软件。每隔几天我会抽空把这些闪念去扩展成自己能看懂的长句，甚至文章，完成之后，就算是初步内化成自己的东西了。你只要时常翻阅这些笔记，很多金句、知识要点，就一目了然了，可以大大丰富知识面和谈资。

做到这一步，你可能会有种虚幻的收获感，可能你一开始就是要找到这种感觉。收集了一阵子"面包屑"后，如果你养成了习惯，一个月大概有六七十条补充过的闪念，接下来就进入进阶版。

这个环节要把收集到的闪念都打印出来。这一步非常重要，这是一种仪式感，是实打实的收获，是给自己的一个交代，是可以量化自己成长的一个行为，打印这个动作甚至比内容更重要。

另外，如果你喜欢读书的话，就多记读书笔记，以极简的形式。一本书，写至少 20 篇 100 字的读书笔记，可以是纸质书，也可以用各种软件标记触动你的话，旁边配上你的 100 字见解或者注释案例。

这样，一本书读下来，除了可以更加深度地获取知识，还能训练我们抽丝剥茧进行分析的能力、总结能力和写作能力，一举多得。如果你读的是纸质书，千万别舍不得在上面涂涂写写，因为你再次翻阅这本书的机会，其实并不多。一本写满笔记的书，不论是自己收藏，或是未来被亲友同事翻阅，抑或转赠他人，都是极有成就感的。

在早期，但凡记录下来的知识点、金句、截图，都是收获，前提是你一定要记录下来，可以翻阅的才算，能打印的才算。

每隔一段时间就针对最有感悟的几个点进行深挖，这时候，"面包屑"就变成了"碎钻"，再把知识点串联起来，那就是精灵宝钻了。连点成线，就可以将漫天星光串联成浩瀚星河的知识体系。

坚持吧，你收获的不仅仅是知识，还有心气、意志力和成就感。学习这种最磨炼人的事情你都干好了，其他没有什么事是办不成的。

5.2.3 无用的知识

有朋友跟我说，不会写对别人"有用"的内容，只会写"没用"的东西，该怎么办呢？

首先我们确认一下，如何定义"有用"。只有能够指导／改变人们行为的信息，才叫"有用"的知识。

接下来我来安慰大家，另一种"有用"，就是情绪价值，也就是"有趣"和它的变体。鸡汤维护着世界和平，这句话我曾反复说过，人们很多时候需要希望，需要自我安慰和麻醉。

盖子是个好东西，只要有这个东西，很多灰暗的、阴郁的、不愿意面对的东西，就会从人们的视野里消失。揭开盖子的一般是坏蛋，某种意义上的坏蛋。

如果你的业务能力不足以让你在某个领域具象化地帮助到人，那么可以尝试当一个"盖世高手"。

真心话，大量的口水文、情感文、励志文、鸡汤文，某种意义上是非常有价值的，比干货文的价值大得多，因为它们服务着90%的人类。

所以，既要阳春白雪，又有下里巴人，雅俗共赏，能进能退，才是真正的法器，每个人都是可以的。

5.2.4 信息的耗散

我从来都不是一个会写作的人，文字表达能力比较弱。

某天我看到荒野大镖客吹着布鲁斯口琴的海报，感觉非常帅气，直接去搜最强的布鲁斯口琴的教学视频。看了一会，没坚持多久就开始犯困，于是便不了了之。思考了一会儿，若有所获。

人们往往先是在大脑里想，然后说出来，说出来的东西也可以写下来，从而被他人听见和看见。这个传播过程中，想要表达的信息是耗散的。

把心里所想的说出来，中间已经消耗了许多，再把它写出来，能表达到位的意思已经所剩不多。这也是为什么说所谓线上千遍不如线下一面。我开始相信，面谈比看着文字学习，调动的感知通道更多一些，于是更能学到位。

看到这里，大家应该会接受"所写不如所说，所说不如所想"

这个观点了。

但是，如果我打出这样一行字——"大漠孤烟直，长河落日圆"，又或是拿出整本的《道德经》，阁下又该如何应对？是啊，文字的魔力真是太可怕了，好的内容仿佛自带"超链接"。这种感觉就像是文字变成了可点击的超链接，简单的几个字也许包含着巨量的信息。我们也可以用成语去理解。当你听到一个成语，如浮生若梦、鬼斧神工、闻鸡起舞、叶公好龙等，扑面而来的是浩瀚的画面感，或者满是历史厚重感的整个信息模块，有一种对方丢来了一个压缩包的即视感。

不过，我还是坚持认为，古人事少，字也少，不得不如此，于是专注于精简，练达信雅。这也是为什么从诗经到五绝七绝，再到词、曲、散文游记、小说，从现代文到网文，内容的载体变得越发"丰盛"。每个时代有每个时代的伟大，也许我们不应该对内容有偏见和傲慢。

也许，风起于青萍之末，在不久后的某一天，沉寂已久的思想旷野，也会一声雷响，突起波澜，就像海上，就这么升起了无数灯塔。

好好读书，好好写字，做一个表达者，这是我们的时代。

5.2.5 内容和传播

有个知识点，叫"传播不可能三角"，也许能让我们在影响力方面找到一些确定性。

什么是"不可能三角"？比如：保本、高息、周期短；钱少、事多、离家近。在短视频[①]，或者说内容领域，"传播不可能三角"是：优质、量产、传播快（这里就不提正直、安全、影响力了）。

所以，我们要果断放下心理包袱，要想明白，可能再普通的常识，也有十亿人不知道，迈过这个心理门槛，才能享受输出的红利。

一直以来，科普、指南、传授知识类的内容都很吃香。把专业的内容说清楚，是一种很强的能力。是的，白话，是一种伟大的力量，下面我们来展开论述。

我一直认为，硬件带来的趋势才是真正的趋势，手机体验、通信技术、各路 App 的不断涌现和迭代，主导着生产工具和造血逻辑的演化和过渡。在山和海的那一端，必将存在着巨大的流量和机会……

都知道短视频很香，可是我们能在短视频领域做点什么呢？很多朋友问过我这些问题：我没有一技之长，我有镜头恐惧，我口齿不清，我根本不知道内容从哪里来……

在此，根据我当前的理解，掰开揉碎了告诉你普通人如何高效快速切入，实现一人一天一百个原创视频，七天起量的常规操作。

首先，短视频仅仅是内容的一种表现形式。大家都知道，人们对新鲜事物会感到好奇，比如二维码刚出的时候看到个码就想扫，到现在的心理门槛变得很高；比如短视频刚兴起的时候，看

① 注：本章中的短视频不限于抖音、视频号、快手，还包括目前所有的短视频以及内容平台。

到个好的就想点赞转发，到现在的内心已经难起波澜。

大家有没有发现这样一个规律：某个内容，在图文时代火过，抖音火过，快手火过，现在视频号来了，你又看到了它，所谓"一代版本一代神"，为什么每个平台都能有大量的播放量呢？

这种内容规律总结成四个字，就是"喜闻乐见"。在我看来，内容分为两种。

一是有趣，包括美女、帅哥、搞笑视频、影视鉴赏等。一时欢愉其实也是一种精神层面的需求，从变现角度看，其效果并不好，视频看完，并不会有什么收获，可能过一会儿就忘掉了。

二是有用，包括科普类、讲解类、教程类等。有知识树，能成为谈资，有成型的体系，能提供价值（好物推荐也是在输出价值），能解决问题，能满足转发分享（自我实现）的需求，甚至可以满足被检索、被收藏的需求。是的，收获感比爽感来得更高级。

当然，既有用又有趣的内容，那就更厉害了。根据属性我们又可以分为两类。

一是离人近。吃播、搞笑、猎奇之类有趣的内容吸粉比较快，但是变现比较难。

二是离钱近。知识、讲解、测评、搭配之类有用的内容变现相对容易。

所以，我们要做有用的、有沉淀的、能赚钱的内容。这中间有三个最重要的问题：一是 what（发什么，内容从哪里来），二是 how（怎么创作，怎么发），三是 where（去哪里发）。

1.what

首先，我们来理解一个词：人类知识总量，即人们对这个世界的理解，是有一个动态恒定且增长缓慢的总量的，我们看到的所有让我们眼前一亮的资讯，大都已经被多种形式阐述过很多遍。

然后，我们再来理解一个真相：你看到一个千万次播放的视频，觉得很厉害，但其实还有14亿人没看过呢。

接着我们来探讨一下"what"部分。

（1）内容来自所有的行业百科，行业门户网站都有完整的知识树内容。比如育儿，可以去各种亲子网，里面已经帮你做好分类，每一条都是问答形式。再如备孕、养生、护肤等，每个行业都有前辈给你整理好的完美词条，你需要做的只是简单搜索、筛选、解读、演绎而已。

（2）白话是一种伟大的力量。你要尽量把所有的书面语和专业术语都变成大白话，实现口语化。比如把"以及"改为"和"，把"在其中"变为"这里头"。要记住，"说人话，很伟大"。

（3）内容还来自前辈。把已经爆火过的内容重新演绎一遍是一条很好的路，这也是被市场验证过的内容。也许，你能"演绎"得比他更好呢。

（4）跨平台搬运是可以的。比如把一个视频App的内容搬运到另一个视频App，这种方式是可行的。

（5）培养一个观测号。先用一个新号，搜索你想要的领域的关键词，随便查找几个，配合长按"不感兴趣"，刷到的任何非你想要领域的，统统让系统减少推荐。几天之后，观测号养成，从此你收到的推送都是你想看到的、新鲜的，只要你的改编速度足够快，可能原视频没火，你的先火了。

（6）如何逮住一个，就拖出一窝？在垂类里，关注某行业大 V，点开他的关注，你会发现自己找到了一堆行业顶级分享者，逐个观察他们的视频结构，拆解、学习并运用。

（7）再说一条给有精神洁癖的朋友，尽量不要高估自己的原创能力，作为从业者，你的角度不一定是粉丝喜闻乐见的，很容易陷入小巷思维。在看专业领域的视频时，很多时候你们可能会嗤之以鼻，其实他们是正确的，这正是普世属性所需要的。

内容可以作为一种运营手段存在，没必要上升到太高的维度，比如上下五千年就一个关公，你做了我就不能做么？比如蛋炒饭要怎样炒才香，你分享过我就不能再分享吗？

"演绎"的种类是多样的，很多知识类的东西需要不同的演绎方式，这就是你存在的价值。需要注意的是，科普类可以，时事政评、干货分享等个人思想输出的上手较难，可以先不考虑。

（8）去无限强化内容的重要性。在强化内容重要性的同时也要弱化它，好的内容直接关系到点击、转化和传播，是它最重要的地方，为什么要去弱化它呢？

一个很重要的原因是，大部分人写不出来，我们要考虑产出比。这是个分发的时代，找到适合你的种子野蛮生长的环境，才是最重要的，内容已经不再是最重要的了。没必要一定要做到 100 分，

10 亿人没有见过 80 分的内容，他们看到了 70 分的内容，会认为这就是 100 分。举个例子，打开快速问医生，99% 的内容都是复制粘贴，受众如何去分辨好坏呢？是的，我们要有情怀，我们要做好，但要看做给谁。

2.how（单人日产出 100 条以上视频的诀窍）

（1）除了解读和演绎，要如何把确认能火的内容变成自己的呢？在这里，我大概描述一下我自己操作迭代的进程。

第一天，我是开着手机一边听，一边打字，然后把某个好视频变成我能用的文字稿。第二天，我开始把视频下载到本地，然后用讯飞听见转文字。第三天，我开始把视频发给淘宝上的讯飞听见服务商，请他们帮忙一条条处理好直接发给我文字稿。第四天，我发现很多大 V 禁止下载，于是我开始开着两部手机，一部的麦对准另一部，同声转文字。然而，这些视频有很多变声或者背景音乐，软件无法做到完美识别。第五天，终于我发现了目前最好的方式，就是我把一台手机放在嘴边，开着微信语音转文字，一台手机用来播放大 V 的视频内容，他一边播，我一边口述。于是，事成，准确率达到 99%，且含标点符号。读完之后，我还会再读一个标题，然后点击发送到电脑端，用最后这个标题作为文件名。这样，最快一分钟就可以有一篇稿了。自此，我就再没有缺过内容。

（2）视频内容是种子，那钩子怎么办？大部分平台是可以带上微信信息的，小红书属于例外，如果附带其他联系方式可能会被限流。而 B 站这种甚至能附上二维码，且允许全程水印贯穿。不同的生态，有不同的美。

关于设备，不开玩笑地说，很多人都卡在设备这一块，一直纠结要那些很好的，配了很多最后却放着吃灰。我建议先开始做，等到了需要提升作品品质的时候，再考虑更换设备。

我的所有设备加起来一共花了 230 元，但这并不影响我的创作。物理提词器，淘宝 499 元，闲鱼 170 元，如果用提词器软件，也可以省掉这笔费用；云台，淘宝 190 元，闲鱼 40 元；三脚架，闲鱼上 20 元 1 个；黑框眼镜 1 副，我的眼镜是团队小伙伴给的，我把镜片抠掉了，只留下个框，这一点很重要，不反光，且提升专业气质。准备好内容，打开提词软件，然后把手机插入提词器的手机槽，用后置摄像头对准自己，就可以开拍了，提词器的字体大小和语速都可以调整。

其中有一个小技巧，你可以尽量咬字清晰地去慢慢读，剪辑的时候调整到 1.2 ～ 1.4 倍速，这样你的声音听起来会非常专业且笃定。高效与优质的抉择，这里分两点阐述。

第一个是"一鱼多吃"。拍一个视频可以通过剪辑分发到多个平台。比如，我拍的时候选择 1∶1 的比例，那么不管是 9∶16，还是 16∶9，都可以通过调整比例，然后使用背景模糊适配来实现。

也就是说，我拍一个 1∶1 的视频发视频号，同时还能发快手、抖音、火山、小红书之类的短视频平台，也可以发 B 站、爱奇艺、腾讯这样的传统视频网站，这样就实现了高效分发，无须一个内容拍多次，适用于多号运营的模式，等哪个号起了势，再认真做这个号（图文短视频，是图、文、短视频，记得你的稿子还可以多次利用）。

第二个是精细化运作。你无须纠结每个细节，如果在读稿的时候，发现某句读错了，请继续往下读，不需要重新拍，剪辑的时候把它剪掉就可以了。等你某个号开始起量了，你再开始认真地拍每一个视频。关于镜头恐惧，我其实是一个腼腆羞涩的人，木讷憨厚，不太会说话，一看镜头就脸红，那么我是怎么克服的呢？

首先，你必须用后置摄像头，任何用前置（你展示的产品是反的），或者先前置再镜像翻转（很多大 V 手上的东西看上去是反的，其实可以镜像翻转）这两种都不建议。既然要做，就从后置开始，调整状态直到自然流畅，每个人都可以。

这里还有一个小技巧，如果你拍摄的时候怕别人在场，或者没人帮忙，可以放一面镜子在对面，这样就可以看到手机里的自己有没有处于最佳位置，如果没有镜子，黑屏的笔记本显示屏也可以当镜子用。镜头恐惧分两种，第一种是脱稿恐惧，第二种是肢体动作恐惧。前者用提词器可以完美克服，后者你只需要面对后置摄像头，练习半小时，就可以完美应对了。

3.where

（1）一个简单视频的完成，包括字幕、动画、背景音乐、封面，大概要花 10 分钟左右。如此耗时的作品，只用来发抖音比较浪费。你可以把视频同步到头条、微博等能同步的平台，同时再用不同比例的视频，发在所有你熟悉的视频网站里。

这里解释一下，短视频 App 会给你带来短时间的爆发和曝光，但是传统的视频网站会给你带来很多长尾流量，而且越久越香。

（2）这样发会不会太泛了？在这里，我们思考一下，我们做内容是为了什么？为了流量！现在的主流承载平台的机制告诉我们，如果分发的成本足够低，我们就可以肆无忌惮，去填补这一个个诱人的生态位。

我们必须放下心中那一丢丢虚伪而可笑的精神洁癖，完全从获取流量然后变现／冷启动的角度来看待内容分发，不需要在意这个内容是否具有长期的生命力（其实大部分内容是有的）。

那有些朋友可能有疑问：如果是为了做影响力呢？这样做其实也是可以的，你可以通过高效地输出内容，先铺开宽广的基本面，然后通过运营与活跃的互动，来构建漏斗模型，打造你的人设，输出出你的态度，从而与粉丝建立长期的信任关系。

前期你要做几个 IP，开几个新号，坚持一人一卡一机一号，用数据流量，尽量不要用 Wi-Fi，这里面有十个小技巧。

在介绍技巧之前，我先说说总的设备和账号问题。手机多的话，用贴纸把这台手机的手机号，贴在手机背面，然后用一个表格记录所有平台的账号和密码。一定要记，这方便我们后续的查找和跟进。从内容到拍摄到制作差不多需要 2 天，准备 100 篇的内容视频，足够我们发 2 个月了。不同账号发的内容也要用表格标注好。

比如，这 100 条视频，某条已发全平台，就要标红色，做好备注，防止出现内容重复问题。

目前各个平台玩法多种多样，各种养号、完播、赞藏评、回看、转发等维度的研究总结比比皆是。但我并不全部相信它们的数据，我只相信想要火，内容合格的前提下，最简单的路径就是 ，"先解决日更的问题，然后再解决一日两更的问题"。

技巧一：剪辑

如果你想打造十个 IP，那就要有十种风格。这些素材要提前认真准备好，昵称、头像、视频封面、签名，或者主页要有引导点赞、加微信的箭头。记住，只发某一领域的内容，不要涉及其他领域，专心发到底，如果想要放弃，连这个手机号也要一同放弃。

技巧二：账号问题

很多人因为账号问题烦恼，其实完全不必要。一个人可以办十多张卡，一家运营商办 5 张，偶尔会溢出一张。如果用一个手机号做各种账号，如果后面放弃这个赛道，或者这个手机号对应的账号路子走歪了，要整个放弃，就需要手机号注销，重新办一张。不算团队其他成员的，光你自己能办的账号都做满，且没什么舍得放弃的号了，你在短视频赛道一定很成功。

技巧三：开头和结尾非常重要

开头不要寒暄，直奔主题，比如："大家好，我是一个月瘦了 28 斤的杨涛。"黄金 3 秒，留住用户，不然刷走率很高。也可以直接用问题开局："你一定不知道……""你知道……是为什么吗？"震惊体也是可以的，我有一个很喜欢的号，这个号每个视频开始就是一句"我来啦"然后底下评论区都是"你来啦"这样的自发对上。结尾求赞求关注求转发一定要大方直接："实不相瞒，想要个赞。"也一定要有点心机，就比如"点赞接好孕咯"或者"先存起来备用，发给你老公学习下，任何问题随时问我，有问必答"。

技巧四：评论区引导

在评论区，作者要有引导回复。小号要准备好，"老师我能加您微信吗？""可以。"对于比较严格的 App 来说，可以不直接询问联系方式，但可以引导私信或其他渠道。总之，评论区要有一定的风向，也要做好引导工作。

技巧五：发布优质内容是基本操作，套路也要有

比如引发槽点，甚至引战也可以。举个例子："到底是婆婆对，还是媳妇对？""剖宫产和顺产哪个好？""巅峰科比和麦迪哪个强？"诸如此类，此时，评论区的网友就会分成两派互相争辩起来，自觉地为你的视频热度提升输出火力。

技巧六：直播

直播比想象中香，并且是越来越香了，我觉得大部分人都可以尝试。

技巧七：标题后，封面上，请带上括号加数字

这里不得不提种子理论。在短视频里，传播的最小单位就是你的一个短视频，如果不带几个钩子，刷到、搜到，不管好看不

好看，也就过了，如果你在视频标题和封面上，加上这样一个钩子呢？比如，光合恋爱大讲堂（17），或者枸杞养生小知识第五十一篇，这样会让人知道，在这之前之后，你还有其他的视频，这是一个合集，是一个连续剧。这样被看见的这个视频不管是好还是不好，进你主页看其他视频的人数是一定会增加的。

技巧八：辨识度

你的道具、背景、装饰、发型、穿着都可以是你的辨识度，就比如我做备孕知识讲座的时候，会拿个铲子、筷子、勺子，桌上再摆一些松子。在讲解时，弹幕的热度就来了："老师，你拿个筷子是来搞笑的吗？"然后热情的粉丝就会帮我解释，那个是"快生孩子"的意思，松子是"送子"的意思……总之，在内容趋于同质化的时代，你可以用一些小心机去追求细节上的差异化。

技巧九：适当引导

某种意义上，微信个人号可以是一切营销行为的终点，也是新的起点。所以尽可能地去引导粉丝加微信吧，签名栏、二维码、水印、回复、私信都可以，方法很多。教育行业流传着一句五字真言，这个真言目测产出超过 2 亿个人号好友，叫作"加我领资料"。

技巧十：如果公司人手实在不够怎么办

我想做矩阵，又想做覆盖，在这里和大家分享一下在我看来非常保密的小窍门。我是这样做的：找素人，只要有表现力的就行；找大学生兼职，目前我手上有几百个大学生资源，都是名校的高才生，他们出视频最低我能做到 4 元一个，可以大大节省制作成本。那么有人就会问了，你怎么招那么多的？

方法很简单，你可以先在亲朋好友的群里发一个招大学生兼职的海报，或者先联系群里的大学生，如果能成的话，你就招到了第一个大学生。然后你再让这个大学生帮你发一个招聘的朋友圈，假如又来了五个，你再让这五个大学生再发一次朋友圈……以此类推，你就再也不缺大学生资源了。

以上是我个人的一些心得和思考，这不是团队行为，只是我自己的一些尝试。我也做过很多赛道，都取得了不错的成绩，甚至是我完全不熟的领域。我做得最好的号一天能引导加200多个好友，最好的业绩是出了1单14万元的服务。我经历过无情的谩骂，也遇到过热情粉丝。根据我的经验，高效、成本低、操作性强、普适性强才是最重要的。

5.2.6 诚实是一种策略

都说诚实是一种美德，其实，诚实也是一种策略。因为不诚实是一件非常耗能的事情（图5-11），在时间和空间上都是不稳定的。比如，你在某个场合因为某件事情忽悠了某个人，那你必须记得你曾经忽悠过他，且必须记得这件事情的精确信息，记得在场一共有多少人，以及未来你在其他场合诉说这件事情的时候，在场的是否有与他有交集的人，或者即将有交集的人。

这种事情多做几次会消耗我们巨大的能量，并且给我们的职业生涯带来系统性的风险。所以，诚实是最好的策略，诚实对应的就一定是善良，未来三十年是善良的三十年，钱要赚，字号不

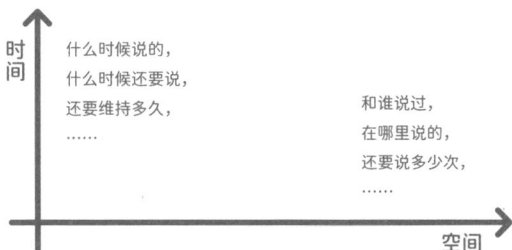

图 5-11　不诚实的耗能

能坏，二者不可兼得时，要取其重。要记住，诚信永远是第一位的，事无大小，量力而言，不要给自己留下污点，互联网是有记忆的。且这个圈子真的很小，在这个时代，容错率很低，几乎为零。眼看高楼起，也看高楼塌，"行骗者，亦有术，亦有道，然成大事者，古来无"。

5.2.7 让粉丝为你买单

记住一句话：钱在哪儿，注意力就在哪儿，注意力在哪儿，钱就在哪儿。

变现模式有很多，常规理解是，如果我一天不发广告，一天不收费，那么我的粉丝就每天都爱我多一些，但只要我发广告，就会掉粉，这其实也是相对的。

信任是一种货币，信任就是钱。时代变了，以前可能是我要找你付费、找你消费，才会消耗信任。后来发展到甚至只是点开你的文章，就已经在消耗信任。那我们为什么不主动消耗呢？

另外就是要尽量让自己的时间更有价值，这个是比较难的。

你可以从价值角度去看这个问题，没有人会珍惜免费的东西，不管给他什么宝贝，他都会丢进垃圾桶。

只有付钱的客户才是客户，不付钱的没有任何义务，我们的所有精力都应该服务于已经付钱的客户，任何对其他人的免费服务，都是在伤害为你付费的客户。

当然，具体问题具体分析，我们也要算清楚账。你如果诚实地面对自己，把自己的免费劳动定义成预转化，做名气或是影响力，只要你能诚实地面对自己，并且与自己和解，都是正确的。

做影响力，无非两种力量在驱动，利益以及群体认同带来的自我实现。当你分不清的时候，建议用任何方式，先让粉丝为你花钱，因为"反复的金钱关系，是加深信任的最短路径"。

5.2.8 系统性稳定

前几天，我看到一个女孩在朋友圈和人因为一件小事拌嘴，而且话说得很难听，心有戚戚，于是就果断把她拉黑了。

情绪稳定，是一个成年人必备的基本素质。如果一个人沦落到需要在朋友圈和人争吵，那么她的系统性风险有多高呢？人们会想，和她做朋友、做生意都行，如果某天生意跟朋友没得做，和她有些小矛盾了，是不是会沦落到在朋友圈丢人，就会不自觉地疏远这种人。这与敢爱敢恨无关，本质上就是一个人有没有"攻击性"的问题。仁者一定无敌吗？不，无敌者才无敌。伟人也说过，我们要把敌人搞得少少的，朋友搞得多多的。尽量不要树敌。作恶的成本不一样，只有被社会毒打过，才能有这种感悟。

希望大家能记住，少吃亏，少踩坑。我还有一句话送给大家，"不要陷入人性的湍流"。人与人之间确实因为进入社会的先后、认知水平的高低、时间成本的不同、需要守护的东西的多寡，分了层级。于是，争执或者树敌的成本也有了不同。

开车不要生气，因为你不知道你的路怒对象是否刚经历了人生中的极大委屈；就餐莫催菜，因为你不知道催出来的菜里加了什么"料"；在公众场合或者任意场合，如果遇到一些陌生男人来要微信，请给他，过后再拉黑也来得及；各位老板，在任何地方，莫与人争，因为你不知道你随意停车的位置，是不是流浪汉睡觉的地方；你不知道人群中多看了你一眼的人，是否刚喝下去几瓶白酒，已经无法思考；你不知道你面前的这个人，是否刚失业，或者刚被甩；你不知道和你争吵的人，是否已经毫无牵挂；你不知道你的轻描淡写，是否会成为压垮他人生命的"最后一根稻草"……

保护好自己，多一些确定性，莫要陷入人性的湍流。

5.2.9 运气的确定性

不知道大家相不相信运气，我是相信的。运气是什么呢？科学地讲，就是概率，拥有好运气，其实就是拥有更大的概率，那要怎么做呢？让自己的日常行为，覆盖更多的可能性。

要拥有好运气，最简单的、马上能做的，有很多。

比如，把自己的起居室整理得整整齐齐，把自己办公的地方打扫得干干净净，争取让自己日常的时间，都处于一个能够滋养好心情的环境中。运气，气运，气顺了，运就来了。比如，好好打扮自己，相貌里藏着自律，精神里藏着心态，衣着里藏着对生活的态度，健康的身体，干净合理的穿搭，饱满的精气神，将让你始终在社交中，处于讨喜的那一方。比如，微笑是成本最小的善意，夸赞是产出比最高的投资，多笑，多夸，运气不会差。比如，我们要坚持利他，去帮助他人，数量到了，确定性就会发生。是的，人生就是一场概率游戏，想要有更大的确定性，就必须让自己的日常行为，覆盖足够多的可能性。

5.2.10 名副其实的高调

我们要向结果致敬，持续能拿结果的人用时间证明了一切，证明了这个世界对他价值的认可。这里送给大家两句话："成功非侥幸"和"绝非偶然"。

强者先胜而后战，把偶然变成必然。只要把时间轴拉长，市场会抹平你通过走偏锋（包括运气）获得的利益、流量、钱、名气等。凡是把能力圈画在自己能力之外的人，最终一定会在某个环境下把自己彻底毁掉。世界运行的机制本身就是逮着人们的弱点下手，但凡有一点不明白的地方，那它一定会在某个时刻、某个状态下，被无限放大，甚至让我们彻底毁灭。

所以，一定要在认知上、能力上，做彻彻底底、百分百诚实的人，千万不能骗自己，因为自己最好骗。比如，言行不合一，人就会有系统性的风险，用运气赚的钱，最终会用实力亏掉；比如，天黄有雨，人狂有祸，德不配位，必有灾殃；又比如，天网恢恢，疏而不漏，不是不报，时候未到，这些描述的都是这种情况。

古人有云：富贵不归故里，犹如锦衣夜行。也有人说，闷声发大财，才是境界。具体情况具体分析，有真本事，也要有技巧地做一个表达者。只有不断地表达，才能倒逼自己变得更厉害，从而撬动更多的资源，穿透圈层，让自己的成长更具确定性。所以，在道德允许的前提下，别一直被低估。被低估是赚不到钱的。

虚荣我其实并不认为一定是坏事，适度就好。人们都会往自己的脸上贴金，或多或少，亦真亦假，出于各种目的。一个词曾经比较流行，叫"凡尔赛"。其实这种行为无可厚非，也不用去压抑，本质上，这是人类的顶级需求，叫作自我实现，又叫人前显圣。

这种需求是一种神奇的内驱力，用得好的话，可以强迫你自己去精进，去深挖，去扩展你的知识面，丰富你的谈资。所以，不用克制，该装的时候就装，最起码，你有的装。

5.2.11 关于品牌和 IP

我觉得，最好忘了品牌。其实大部分人是做不出来品牌的。踏实做产品，好好做服务，好好赚钱，赚钱就是最大的修为。你赚到的钱，代表着这个社会对你产品的认可，对你价值的认可。

随着硬件的发展，内容载体越来越多，信息的丰盛，算法的发展，带来的是信息的割裂。每个人只能看到自己想看到的那些内容，而想穿透圈层去做一个品牌，意味着大投入和低产出，且不长久。

因为信息的丰盛，带来的是人们选择的丰富，品牌忠诚这件事就更是奢望了。所以，对于普通创业者来说，请忘了品牌吧，用赚钱去驱动。只有赚钱了，你才能长期坚持下去，为社会提供价值，为用户解决问题。当足够多的人长期用你的产品，品牌反而更有可能。

当然，最好也忘了IP。做不出来IP的，可以做影响力，做内容。踏实做影响力，好好做内容，好好做服务。前不久，我又看到几个百万大V注销了账号，想起前一阵，大部分人都想着做IP，我想说的是，我们要想明白IP是什么。IP是业务的结果，是结果的副产物，是内容的副产物。普通人想做一个大众意义上的IP非常之难，建议以后都把做IP换成做影响力，会通透许多。

大家想做IP，本质上，无非就是希望能获取便宜甚至免费的流量，或者有了一定的影响力背书，提高转化。想明白问题就好解决了，就不会再追求那些虚幻的东西，不再执着于什么播放量、赞藏评、粉丝量了。在流量的世界里，只有两个东西是真的，一个是收到口袋里的钱，另一个是加到即时通信工具里的好友，一个是当下，一个是未来，其他的用处并不大。

5.2.12 只问耕耘，不问收获

悦人者众，悦己者王，我觉得这句话非常有道理。

看收获，看数据，是一种着急要正反馈的行为，以大部分人的修行水平，哪有那么容易出正反馈？而且，每件事情的收获期不一样，想提前看数据、看收获，往往是拔苗助长，或者是给自

己泼冷水，劝退的功效极佳。

同样，就好比很多姑娘去健身房，会指着墙上施瓦辛格的海报说："教练，我不想练得那么大，不好看。"就好比常有人问，各大平台还有哪些机会，现在入行会不会太迟了。

我一直坚持，没粉不讲运营，没量别谈技巧。刚到一个平台，发了一个作品，就想着引流变现；刚加了 50 多个好友，就开始思考做什么活动，设计各种机制和海报，这都是不现实的。

我经常会听人说，做抖音不顺，做小红书也不顺……这些人没有盘算，自己才做了几天，发了几篇内容。

他们还会问我，说知乎好物是不是天花板太低了，做 IP 是不是开始卷了？听到这些问题后，我非常震惊，什么时候我们都有资格评论一个平台级的机会和上限了？你是写了一句"hello world"（你好，世界），就感觉自己做了个淘宝 App 了吗？别练着林黛玉的量，操着阿诺德的心。

我常说，你的勤奋还不足以评判你的智商，你的执行还没法检验你的创意。这是"放之四海而皆准"的道理，用量去评判才是最正确的。方法要在执行中完善，在增长中修正。

一个朴素的道理是：不怕慢，就怕站，不要急，不要停。

六
职场、创业与副业

6.1 职场

6.1.1 城市选择

其实我一直坚持认为，不管上学还是就业，城市选择永远是第一重要的，人在哪儿，钱就在哪儿，机会就在哪儿。

如果你有幸去了大城市，建议努力坚持待在大城市。选择回老家，基本想要再出来，就不太现实。还是那句话，如果你不选择去一线城市，或者被一线城市淘汰，或者选择安逸回到县城，且不说你自己是否甘心，是否有遗憾，最起码，未来你的下一代，要花费你现在十倍的辛劳，再把你现在的纠结重新走一遍，还不一定能留在一线城市。

也许有人会说，人各有志。确实，如果你已经年过 35 岁，有了路径依赖，老婆孩子热炕头，在老家滋润潇洒，其实也不错。如果你二十多岁，在老家待着，可能总有一些不甘心吧。

也许有朋友会说，要看地方政策。确实，类似开发区、人才计划、补贴等，确实能拿到一些钱，也无可厚非。我每次出差看到荒废的产业园或基地的时候，总会感到很心疼。他们不是没努力过，可能只是因为先天的不足，基建、人才、物流、配套等都非常难，而且还需要大量的时间，不是每个人都耗得起。虽然总需要有人去，但我不希望是你，当然，如果你的家人是相关人士除外，年薪百万的特殊情况另说。

大城市相对公平，氛围也好，可以类比一下以前上学时的重点班，从老师、作业、同学到氛围都妙不可言。

先不说什么认知觉醒、信息平权、降维打击，单单看看全球100个大城市的人口流入情况的曲线，就能想明白一个道理，那就是资源。比如教育和医疗资源，一定是大城市更好一些，资源在哪儿，人就去哪儿，人在哪儿，资源就更在哪儿。

所以，大城市能去就去。

再来谈一下我的个人体会，互联网的丰盛，弥补不了物理距离差带来的无力感。要知道，认知差和信息差，在资源差面前不堪一击，顶级的认知、信息和资源，只在顶级城市的各个圈子里流动。

6.1.2 职场原则

很多朋友都和我抱怨近年来的大环境，说公司给自己的承诺没有兑现。在这里，我先和大家分享一个故事。

某天，我见了一个朋友，他吐槽说，公司年终奖说好给 20 万元，结果只发了 18 万元，让他很不爽。我问他："平心而论，如果老板只给你发 15 万元，你会掀桌子走人吗？"他想了想，沉默了 10 秒说："不会。"于是我又问他："平心而论，如果老板只给你发 10 万元，你会掀桌子走人吗？"他想了想，沉默了 20 秒，我能很明显感觉到他的情绪波动，他说："不会。"我没有再往下问。

职场上，无非看两点：（1）钱有没有到位；（2）心里是否感到委屈。

两点你都很满足，就是一份很好的工作，如果没有，单单钱到位，也是可以的。

再看，某种意义上，用时间、劳动和尊严换取工资，这难道就是上班的全部意义吗？是的。受委屈，感觉到尊严被侵犯和不爽，这是一种很自我的感受。受委屈，可是劳有所获，钱一分没少，所以没关系，这才是正确的处理方式。

我们要学会思考某件事对自己的意义是什么。工作对你的意义如果就是挣钱，那么钱到手了，它的意义就实现了。如果你告诉我，你选择去工作，主要是为了被尊重，我会很惊讶。当然，二者是可以兼得的。

6.1.3 自嗨型复盘

我一直认为，99% 的复盘是无效的，尤其是只有形没有神的复盘，都属于形式主义，是在自嗨，是在应付，更是在骗自己。

这样的复盘，找到的问题，大概率会被归到硬件或软件的缺失，是无力，是无能，而不是想不想做好的问题。重来一次，大概率也会踏上同样的道路。

我们可以拿是否早睡早起、三餐规律、戒烟戒酒来举例，在这些事情上，复盘无数次，又会怎样呢？

什么样的复盘才有意义呢？我觉得可以用两句话概括：思考研究，一定要有结果，落在纸上；开会讨论，一定要有达成的共识，并落在纸上。

然后，我们把不可操作的问题放一旁，确定好下一步要解决什么问题。复盘的真正意义是解决问题，让事情变得更好，而不是问题本身和什么人或者什么事导致了这样的问题。重要的不是"为什么会这样"，而是"接下去要怎么做"。要做，就做能指导并改变人们行为的复盘。

6.1.4 职场社交

近两年的网络用语中很流行的两个词是"e人""i人"，甚至还有"e人就是i人的玩具"的说法。我听后大为震惊，社交能力确实应该是成年人必备的基本能力。

显而易见，每个人都有属于自己的强关系，这是一群相信你、听你的话，每次遇到问题都想向你求教的人。你在和他们一对一或者三人小聚的时候，那种侃侃而谈的洒脱和坚定的感觉，是不是很棒呢？就是这种感觉。

然后，我们再品品这种感觉，每次聚会回来，你是否有"那段话我不该说""刚才没发挥好""还有好多观点没说完""我不止于此""唉，怎么才能让我的真知灼见传达得更好些呢"等的感觉呢?

问题出现了,这就要求我们提高沟通、表达、演讲这三项能力。但这些都是在实战中越用越强的技能,需要日积月累的经验,并不是短时间内就可以明显提高的。针对这种情况,我们可以把大目标碎片化,一个月之内,先做四件事:

(1)写好一份通用的自我介绍,并在家练到倒背如流,如果能加入一些幽默元素更好。有记忆点,是很重要的。相信我,能做好一分钟自我介绍的人,百中无一。

(2)整理 30 个通用的破冰问题,并熟记在心,可以用于各种冷场时刻,满足各种起承转合。

(3)见 10 个新认识的朋友,请他们吃饭,尝试引导对方多表达,并保持对方表达的完整度和延续性。这里指的是,通过问题去迎合、附和,有眼神、有肢体语言,先尝试满足别人的自我实现。

(4)最后是一个月内每天都要做的事,目的是养成习惯。这件事就是让自己了解所有一、二线品牌的化妆品、珠宝、服饰、箱包、鞋、表、车,会认 NBA,知道四大联赛的当红球星,认得出国内外一线影视和乐坛明星,认得出互联网知名度前 30 的大佬,最好能略微知道他们的生平,关注你最佩服的那个朋友推荐的公众号等。脸皮和优雅是善于社交的人的武器,谈资就是他们的弹药,弹药不嫌多。

不要再自我设限,关键是找到那种打胜仗的感觉,让你的身体习惯这种感觉，不断积累胜利，积小胜而至大胜，用这个成功的惯性去谋破局点。

6.1.5 规划和定位

很多朋友会纠结于规划、定位之类的问题。定位和规划要不要？要，什么时候等你干不下去了、有结果了、遇到瓶颈了、迷茫了，这时再考虑。举例来说，假如你现在是块璞玉，还没切开呢，谁能预测你能做成镯子还是戒指？只有在干活的过程中，遇到问题，解决问题，探索自我，才能逐渐把表面的边角皮都去掉，打磨好，知道自己到底是冰种还是糯种，品相是不是帝王绿，这时候再去测试、定位、规划，看看是做成戒指还是项链，才是正解。

我也遇到很多朋友说去做了优势测试，要针对优势去做定位和规划。我不是说这些测试不好，只是时候未到。测试本身就是一个工具，你测出来的优劣势领域，你自己认同吗？如果你特别认同，就可以刻意去修炼这几个弱势领域，并且在优势上投入压倒性的时间，付诸实践，在事上磨，会更有意义。

我们还是要找个喜欢的工作，把时间利用起来，在执行中完善，补上自己的短板。在拿结果的过程中，你会逐渐关注到两个点：真正的"喜欢"和"擅长"。

6.1.6 工作的选择

具体到选择哪份工作，我认为主要看四个方面：短期的钱，长期的钱，长期的机会，情绪和环境。

短期的钱：工资，无责任底薪。别相信各种画饼和空头支票。

一个真相是，大部分提成高、有分红且真实兑现承诺的公司，底薪也高。

长期的钱：通过一段时间的努力工作能够拥有的，如加薪、奖金、佣金、分红、期权之类的能兑现的所有钱或者等价物。

长期的机会：你个人的市场价值能持续提升的机会（含行业／赛道红利），是否更好上位、更愿意深耕，更容易塑造你自身的不可替代性，或者能沉淀出相对优势的机会。

情绪和环境：哪家公司采光、通风、办公环境更好，同事更热情，通勤时间更短，楼下餐饮更丰富等各种因素。不开玩笑地说，一个压抑的环境会让人抑郁，吃不好、走很远，这些小细节积累下来，会摧毁一个人每天为数不多的意志力，所以要综合考量。

当然，最不值得考虑的情绪部分，人们往往最纠结，比如看不惯某同事、某领导，或者感觉被 PUA（精神操控）了；比如自我感觉被区别对待，被大材小用；诸如此类的"小情绪"，它们可能是主观的、偏立场的、非事实的（指你描述的是这样的一件事，另一个当事人描述大概率会是另一件事的事）。我常说，到手的薪水买断了情绪，如果把沟通当修行，也就得心应手了。

满足以上四条非常不容易，能达到三条就是完美的工作岗位了，满足其中两条，也可以去。但如果低于两条，那就需要再考虑一下，毕竟，时间是很宝贵的财富。

这里我要多提供给大家一个算法，假如你将就了一份工作，想着先干半年过渡下，那你不仅在这上面消耗时间、精力和意志力，还会在这段时间形成路径依赖，遭遇人情纠葛、道德枷锁等各种情绪黑洞，这会让你再出发的启动时间变得更长。尤其当我们没有什么选择权的时候，选择就要更加慎重，以期有更清晰的确定性。

6.1.7 工作态度和工作方法

有一句我认为很经典的话：不要用战术上的勤奋，掩盖战略上的懒惰。职场中最怕看到的就是那种执行到你感动，自愿加班，事事奋进，却总是拿不到结果的小伙伴。无效做功是很可怕的，放在我们个人身上是否也是如此呢？

如果发现自己有这种倾向，或者说某些自我设限一直迈不过去，明知道这样不好，又不想办法把这些短板提升到平均水平，这是一种逃避。埋头苦干不过是用战术上的勤奋，来掩盖战略上的懒惰罢了。

人的肉体和思想不同，思想指明的道路，身体迫于现实，往往会走上一条截然不同的路。大部分人都无数次开启无效做功模式，埋头苦干，拼命加班，希望以此远离焦虑。如果你自己也是如此，那么首先恭喜你，你是一个有底线的人，起码知道要开始干，这就已经超越大部分人了。但这时候，你的努力有可能是"脉冲式努力"（图6-1），以为自己再怎么也会慢慢变好，却不知"重复并不持续"，也许你会在某个瞬间，陷入自我怀疑，然后开始放纵自己，同时可能出现一种不配得感。

建议你每周抽一个下午出来，把手机放一边，拿两张纸梳理一下自己的初心、最近的收获、短期未来的事情和长期未来的事情，这会让你冷静，甚至让你的灵魂得到滋养，以期找到更多的确定性。

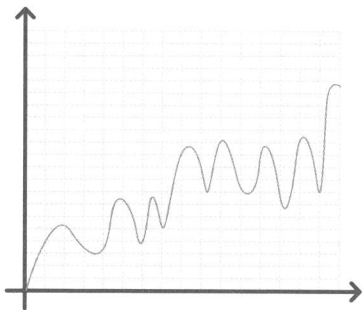

图 6-1 努力轨迹增长模式

一件通过思考分析后很笃定的事情，我们初期的投入和改变，将会变成一种可量化的数据。哪怕结果并不是很好，也往往能在身体反应过来之前，形成一种激励意志。也就是说，想让自己的投入获得等值或者超额的回报，可以清醒地去利用这种激励意志，你已经干了那么久，有了那么多具体的收获，再咬咬牙坚持一下：这方面收益很高，我以后在这里多投入一些时间……

一切都是可视化的，是有确定性的。如果不去思考，身体都会抵抗你的努力，让你事倍功半。

6.1.8 职场里的高效沟通

不只职场，我觉得，生活中 99% 的问题，都是沟通的问题。这些年我接到的咨询，总体来看都与内耗相关，诸如：学会拒绝、向上管理、怎么解读话外音、加班和加塞任务怎么应对、沟通成本太高、效率太差、不知道如何表现自己等。

首先，不要讲过程，也不要谈辛苦。你要知道，你在乎的和老板在乎的，是两码事。我们要讲结果，下次遇到加塞任务，你直接回答完成的大概时间。比如，领导说周三要，你说周三做不完，最快周四完成。以此类推，"告知结果，不找理由，不谈过程"，这样才会笃定一些。

其次要沟通，大量、主动、反复地去沟通，但要记得，达成共识的沟通，才是有效沟通。当你的价值已经得到了很好的验证，要主动去争取更多的资源。成年人的增长，本质上，就是一个不断争取资源和话语权的过程，为什么不勇敢些呢？

还有一点很重要，就是找个时间，静下心来想想自己还有没有可以进步的空间。比如，进程管理方面、抓重点的能力、提高自己的"有效工作时间"……不要过度解读，要就事论事，不要附带任何情绪，否则可能收不到想要的效果。平视这个世界的勇气是有讲究的。何为运气？气顺了，运就来了。你要念头通达，不然道心不稳，影响效率和升迁。

先想清楚，根据诉求一致原则，你们的共同诉求就是把这个事情顺利地完成。在这个前提下，对方是不会给你使绊子的，放轻松。

再想明白，好为人师，是每个人都有的强属性，你只要态度没问题，就多问，问清楚，有时候还会有非常正向的效果。

要抓几个关键：想做什么、在做什么、能做什么、什么时候能做到、做到什么程度、需要什么人协作、为什么这样做、怎么做，想不清楚可以聊清楚。当然，有些场景的思维方式不一样。比如这个需求是硬性的（比如月底上线），或者对方是领导（比如增长），那么对方就是结果导向，而你往往是过程导向，这时候就要切换思维，表述这个结果能不能达到，达不到的话，还缺什么环节，需要什么资源，等等。还有一种情况，是对方具体也不清楚该怎么做，只是提出了诉求，这时候就要好好磋商了。

总之，这个世界没有沟通解决不了的事情，如果有，那就再沟通一次。

养成用纸笔的习惯，一边聊事情，一边写，写完之后给对方确认下，这样的态度往往会让人感到信任，觉得你很靠谱。要想明白，对人对事是不一样的，人更重要，你可以对事讲效率，但对人应该讲究效果，即本次沟通是否有效，是否有结果。我们都说要站在别人的角度想问题，听完想完再提出自己的意见或者困惑，这样交流会更有效。

真正从心底接纳对方作为你的战友、同伴，你的所作所为所思所想，才会发自内心的真诚，这是一切顺畅沟通的基础。态度和表情管理可以有套路，向人们表示你确实在乎。只有让别人了解你有多在乎，他们才会在乎你对这个事情有多少细节需要了解。

拿出一些时间听别人说，不要急于下结论，站在别人的角度，用自己的话复述别人的意思，会是很好的方法。这不仅有利于你听和理解，还有助于对方确认自己的阐述是不是清晰。

真正的高效沟通，是能够为对方着想，了解对方的意向，又能够理解其背后的真实意图，从而可以极致坦率、共同探讨，需要从各种细节上多磨炼。

上升通道，也就是管理能力，是一个很吃天分的能力。如果有时间的话，我还是建议大家系统性学习一下。学习本身有着一定程度的滞后性，有了足够多的理论储备，你可能会在某个场景下，或者社会阅历和年龄沉淀到了，突然间恍然大悟，仿佛多年前射出去的子弹，击中了那个瞬间的自己。

总之，做个讨喜的人，就会有更高的确定性。

6.1.9 下班是一天的开始

很多朋友问我，自己的主业还算可以，想辞职创业没勇气，但又没法全情投入做副业，应该怎么办。

其实，我一直认为"下班才是一天的开始"，也就是所谓"可支配时间"的概念。假设你是朝九晚五，从下午五点下班一直到第二天上午九点，中间 16 个小时，这才是真正属于你的时间。

这时候有朋友可能会说：要加班，通勤时间长，有家庭要照顾，等等。这些情况确实存在，我能理解，生活已经如此艰难，我们不去争论，只需要心平气和地给自己算出一个"可支配时间"，一个你可以确定的、真正属于自己的时间，然后我们想办法在这些时间里做点有意义的事。

也有朋友会问：我都 35 岁了，或者我都 40 岁了，还有这样做的必要吗？答案是肯定的，难道你剩下的几十年不过了吗？改变不一定会让我们变得更好，但是不改变，一定不会更好。所以我们要诚实一点、勇敢一点面对自己的现状。时间的利用率，是拉开人与人差距的根本原因。

当我们得出一个可支配的时间长度后，假设是 5 小时，就需要合理地安排好这个时间，并真正地用行动去利用起来，这其实是很难的。

人的意志力像一个有固定容量的容器。辛苦工作一天后回到家，我们的意志力可能早就耗尽了，只是想放松而已，这是可以理解的。所以我们并不需要给这个时间赋予额外的意义，我也并不想让你喝更多的鸡汤，打更多的鸡血。

你只需要算出一个这样的可支配时间，然后在心中为这个概念埋下一颗种子。有了这样的概念，当你想放弃挣扎时，再咬咬牙，坚持半小时，随便做点什么，为了触手可及的目标，选择一些事情做下去，比如考证、考编、考研、考公、健身、学习副业、接一些私活或是做一些微商，都行。

我们就是为了找到那样一点点的惯性，拿到一点点正反馈，选择被事情推着走，如果不这么做，那就真的只能维持现状了。"改变，是不会自然发生的"，这是多么淳朴而简单的道理。

当然，你的答案也可能是完全没有可支配时间。那么，你应该想想，现在这份工作是不是过渡用的，到手的钱是否完全买断了你的情绪和时间，有没有上升通道，还要多久，会不会一直这样下去。如果答案是这份工作让你完全看不到未来，且没有任何可支配时间，那就意味着，你所得的酬劳并不够，又没有未来，你就要想想办法了。不管是公司内调岗、跳槽，还是任何其他办法，在饿不死的情况下，要尽快离开这样的环境。

毕竟，时间是追逐更多可能性的必要条件。

6.2 副业和创业

6.2.1 什么人适合创业

我们都是普通人，得先给创业下个定义。所谓创业，不是买卖，不是淘宝开个店，不是兼职副业。普通人创业的本质，就是不断整合并优化手头现有资源，像滚雪球一样，把这些资源不断放大，并在这个过程中创造价值、获取利益，从而维持这个雪球不断变大，直至实现某个社会意义的过程。这个社会意义可以是你在某个领域服务过多少客户，可以是你有了一个多少人知道的品牌，也可以是你有了一个多少人的稳定团队，并且持续或即将持续多少年。

那么创业要具备什么要素呢？

首先是努力，这是最基本、最不重要的因素，甚至不值得一提。但是，我来给你一个量化的标准，就是最起码要比同行更努力，要持续地、不受事态发展好坏影响地努力。

其次，身体素质要好。创业就是一个拼体力、拼脑力，最后又回归到拼体力的过程，琐碎事多，压力大，身体素质不行很难走得更远。

再次，心理素质要好，这里有几个相对重要的因素。一是果敢，大部分时候，普通人创业是一个用节奏感不断追逐时间窗口的游戏，优柔寡断的人不配拥有机会，没有一颗勇敢的心去担责去决定，运气是不会反复眷顾你的。二是刚毅，曲高必定和寡，随着你的发展，理解你的人越来越少，你的时间也越来越少，孤单如风，常伴身边。江湖是复杂的，你受到的外界影响一定是越来越大的，做得不好被人笑，做得太好人眼红。总之，你逃不过非议，躲不过孤单。

最后，你要有相关沉淀。技能思维、资源人脉、信息资讯等方面的沉淀都要有。我们经常可以听到关于专才和通才的讨论，不要有错觉，那是针对职场，普通人创业者必须是一专多能型人才。一个强大的攻城锤来安身立命，广博的知识面和信息甄别能力，数据分析能力，对业态的洞察，一些前瞻……这些技能用来"降本提效"，结合起来，才有可能活着。

这几点都符合，你就可以尝试迈出创业第一步了。如果你想做得好，还需要有使命感，价值观要正，有愿景，克制，忍耐，有激情，有创造性，思维发散，沟通能力强，有共情的能力，有视野和格局……其中，我没有提管理，因为普通人创业者，能够拥有一个好团队，几乎是不可能的，而一个有着三五核心，其余人员变动频繁，却能动态平衡，战斗力稳中有增的团队，是比较明智的选择。因为这样对创业者的管理能力要求最低。

总结一下，普通人创业需要：自身综合素质（双商）＋一技之长（流量强，产品强）＋获取信息的能力（接近真相）。注意，我没提资本，因为普通人没钱，方法是不一样的。

轻松一些来说，创业是《超级玛丽》和《神庙逃亡》的结合体。

为什么是《超级玛丽》？因为创业也是一样，资源的掠夺与利用，需要不断吃到不同的蘑菇，需要变大、变强，需要不断地跑跳，预判危险，不断战胜各种 boss（老板）……

为什么要加上《神庙逃亡》？因为创业没有尽头。基本创业到了中后期，你就无法停下脚步了，团队、业态、客户、资本会逼着你向前，一直到你的公司完成历史使命，从属于它的生态位上退下来……

6.2.2 主业和副业的平衡

有一个问题很多人都在意：如何平衡主业与副业（兼职）？

首先，你要有个主业。主业是什么？就是当别人询问你的工作时，你脑海里第一个想到并且回复的答案（这点创业者和上班族有很大的不同），然后我们把副业和兼职默念两遍。

接着，我们思考一个问题，幸福感。一个年薪 200 万元的名企高管，比一个年入 1000 万元的创业者的幸福感要来得圆润许多，这不存在所谓价值观不同或者喜欢刺激，焦虑就是焦虑。

我们来探讨一下副业，我觉得副业分几种：

（1）你主业公司的平台 / 头衔或者资源给你带来的机会（能赚钱，个人比较排斥，偶有飞单或者公权私用的嫌疑）。

（2）你的兴趣使然（可能赚不到什么钱，但你觉得无所谓，只是单纯地喜欢做）。

（3）你的主业并不是你的专业领域，你想在你的领域闯出一片天（你有能力赚到这部分钱，并且可以给你的人生带来线性的增长）。

（4）横财（偶尔能遇到的机会，或是投资或是投机，能赚很多钱，但不确定性比较高）。

（5）被带着做，你的人脉、关系（这种比较常见，就是有好的机会，或者是关系好，在朋友的帮助下试着做）。

（6）其他。

在思考了以上例子后，我还是认为即使你有了主业，要想追求一个更好的未来，就要找到人生的第二曲线。要想明白，你和老板的关系本质上还是一种价值交换，他付钱，你创造价值。你有梦想没错，前提是两者之间不存在利益冲突，包括时间交集（我一度认为鼓吹副业飞翔其实是一种畸形的认知）。

比如，在做好本职工作，对得起拿的这份工资之余，你还有空写写自媒体，拍拍短视频，带带货，等等，这都是一些好途径。多尝试是没错的，万一哪天不小心就爆火了呢。

又如，你的主业光环给你带来了巨量的加成，你的副业都是用主业资源带来的利好，甚至影响到了给你发工资的公司本身的业务，这就不是很道德了。再如，你努力拼搏，在这个领域创造了价值，平台已经无法满足你飞翔的欲望，某天你想单干，这没问题，但前提是不违反同业竞争，且和之前的公司交接清楚，那么就放心大胆地去做吧。

互联网从业容错率很低，因为互联网是有记忆的，一定要在主业和副业之间找一个平衡，一旦名声坏了，很难救回来。

那我们应该如何更好地探索副业呢？在此，我们分两点来阐述，上班族和创业者的副业属性不一样，也许前期用兼职两个字更合适。

1. 这个副业是否有时间复利

世上最公平的就是时间，所有人都处在同一个时间轴里，你的时间投在任何地方，都是有结果的，只是收益是否为正，以及这个副业能否自己转起来。而不是像开个店卖包子，今天开门就能卖，不开就没有了。所以我们探索副业一定要考虑清楚这个是一锤子买卖，还是能给你带来沉淀，让你能畅享时间复利。时间是有限的，折腾是对的，但瞎折腾就不对了。

2. 这个副业是否能给你带来个人提升

人有追求是对的，不满足也是对的。很多人探索副业，除了金钱上的需求，还常有一种情况就是给自己留一条后路。比如主业因为大环境或者种种原因不是很好，自己还能靠副业谋生。这里要慎重考虑的就是，这个副业是否能够给你带来个人提升，不管是职业技能还是个人影响力等，如果没有，那么建议你放弃。

千万小心，不要中了副业变创业的毒。自由都是相对的，故事都是别人的，在我们看来，只能作为参考。

我一直认为创业分两种，一种是自己披荆斩棘杀出一条血路；另一种是在别人的平台上欢快地起舞，和平台共同成长。如果自己的主业就能获得较高的收入而且具有很好的发展空间，那就没有必要费心思想着做副业。如果真的需求得不到满足，可以和老板商量，争取更大的空间。

那么主业与副业之间该如何切换呢？

简单粗暴的回答是：哪个赚钱多就投入哪个，从普适性的角度来说是这样的。

对于创业者来说，其主业跑得顺溜，这就像有了一架稳定的印钞机，可以支撑他不断地在副业上试错。比如弄个新事业部，立项个新产品之类的，有着主业积累的资本和沉淀给副业输血，直到某个副业自己有了造血能力，则事成。如果情况不对，就趁早放弃，回归公司主业，扶正，资源倾斜，事成。

毕竟，某种意义上，多生＞优生，当然也存在不断试错、不断碰壁的可能性。但创业本身，其实也是一个不断试错的过程。

对于上班族来说，如果某个副业符合以下条件：是你热爱的和兴趣所在，干起来很兴奋；你有能力做好，有成就感；收入大于主业，且稳定；主业反过来耽误了副业时间，这时候，你就可以考虑放弃主业了。

还要说一句题外话，也是我个人的感悟：其实我并不认为大部分人都有主业，很多人连主业都没弄清楚就想着随大流尝试各种副业，这里试一下，那里试一下，最后时间浪费了不少，钱却没赚到。

所以，早点找到自己的人生主业，还是很有必要的。这些年我见过不少朋友，其中有几个我非常羡慕，他们在聊到自己主业的时候，意气风发，笃定坚决，身上发着光。

6.2.3 创业的幸福感

很多朋友在讨论，去大公司当高管好还是创业更好。

其实，对于普通人来说，相对于创业，能去大厂做高管，已经是一个非常好的选择，当然要去。

首先，创业与否，并没有好坏之分，但在这之前，我们要先讨论一下"确定性"和"幸福感"。

举例来说，我有两位能力超群的朋友 A 和朋友 B。A 在大厂做高管，是一位优秀的职场人；B 创业开了家公司，是一位优秀的创业者。A 年薪 200 万，B 年利润 500 万，哪个更有幸福感？

A 有双休、年假、高薪、期权，还有大把时间提升自己，陪伴家人；B 的时间无法自由支配，又要时刻保持机动、敏锐、克制，时刻准备应付各种合规风险和业态变化。

从自我实现的角度，B 或许会更有成就感，但是论幸福感，肯定 A 更多一些，确定性也是。

其实事实就是这样，当然个案除外，这是两种选择的普遍现象。不分公司规模的大小，有没有创业者是不焦虑的？答案一定是没有。

这点有共识的话，我们就得到第一个答案：喜欢稳定，抗拒焦虑的人，不适合创业。其次，不管是大厂高管，还是优秀的创业者，能力强都是毋庸置疑的。但是静下心来想一想，我们可以发现，两者的能力有着不同的属性。

其中存在的最大的误区就是，大厂是一个优秀的平台，有着健康运转的系统，在大厂翩翩起舞的优秀职场人，是建立在对公司资源的高效利用之上。如果离开了公司系统，自己单干，大概率会各种水土不服，遇到各种兼容性问题和未知的困难。

我们还要想清楚，自己在公司负责的，到底是一个守成型的部门，还是一个开拓型的部门，有没有从 0 到 1 的项目经验。如果有，后者明显就更适合创业。比如，市场部就属于偏向开拓型的部门，很多优秀的职场人，会把自己在公司取得的成就，看成自己个人的能力，有一种莫名的自信和优越感，同时公司给的职级也带来了一种虚幻的确定性。

试想一下，离开了公司这个平台，没有了健全的前端和后端支持，缺少了高效的机制与流程，你自己是否还能够像之前那样如鱼得水？没有了公司的资源和背书，自己从头来过，去把之前想当然的规划一一验证，你是否还能够游刃有余？

当然，从公司带着业务、带着团队、带着资源走的人也有，这种情况大部分是自己把路走窄了。不说这些资源的可控性，单讲自立门户之后还能否给业务提供与之前一样的价值，就很难确定。这是个容错率极低的时代，一步接不上，往往就没有下文了。

所以，对公司资源和团队过于依赖，没有开荒能力的人，不适合创业。

然而，在大厂当高管也是相对稳定，大厂给了稳定的三要素——"短期的钱，长期的钱，长期的机会"。如果放弃大厂的职位去创业，就意味着要面对极高的不确定性，相较之下优秀的创业者和优秀的职场人都需要具备学习力、执行力、创新能力、管理能力、沟通交际能力等。

创业者更需要的是"勇敢"。勇敢是最优秀的品质，明明知道未来很大可能会失败，也愿意放弃相对的确定性，为了心中的梦想踏上征途，这是一种稀缺的勇气。这种勇气将会驱使你怀揣工匠精神，迎难而上，创造更精良的产品，提供更优质的服务，为真正的价值而奋斗。

然而，创业者常常是无助的，在事业还没有得到市场的肯定时，你会很久都拿不到正反馈，这可能会让你陷入不断的自我怀疑。

这时候，你的耐受程度就由你的勇敢指数决定，你是否能接受这样的困境并一直坚持下去，忍受那种未完成的、暂时没有结果的、混沌的状态。那是一种我们本能排斥的状态：在不确定中去摸索、挣扎、努力地寻找出路，可即便咬牙坚持到最后，可能也是一场空的茫然。

所以，没有勇气的人，不适合创业。

最后，创业的人，除了少部分想要改变世界，让人们生活变得更好的天才级人物，大部分创业者的初心是以赚钱、提高生活品质为目的的。而放弃大厂的优渥环境选择创业的人，一定要想清楚的一点就是：自己是否输得起。

这里的输不起有两个层面：

一个是物质上。钱是不经花的，做规划的时候，即使我们在纸上穷举了所需要的资金，真正开始运行起来，往往需要两倍甚至三倍。如果创业失败就会影响正常生活，就不要考虑创业。

另一个是精神上。创业可谓"九死一生"，运气好的人，可能输四五次就能赢了，如果确认自己的性格没法做到屡试屡败、屡败屡试，就不适合创业。

所以，输不起的人，不适合创业。在此，我的立场明确且坚定，就是奉劝大家不要轻易创业。

但是从另一方面讲，创业也有"大鹏一日乘风起，扶摇直上九万里"的壮阔，以及"路漫漫其修远兮，吾将上下而求索"的执着。创业之美，始终吸引着一批批精英前赴后继，明知前方满是荆棘，也只想踏平坎坷成大道。是的，如果没有这些人，就没有社会的发展，就没有文明的进步。

6.2.4 创业初期常见的坑

某天我和朋友就着初雪聊创业，梳理出了近20年的避坑经验，下面我一一列举出来供大家参考。

（1）忽略数据的客观和残忍，纯凭个人判断和喜好，小巷思维。

（2）高估数据的力量。就算你有干净的信息源，有着优质的信息甄别能力，但常常忽略还有个词叫"时间窗口"。

（3）不是每个成功都是可以复制的，包括你自己的成功。

（4）低估团队的作用。事必躬亲是不推荐的，你的产能如果是10，有7成以上用在了琐碎上会很浪费时间。

（5）很多业务，尤其是投放业务，除了计算预计投入和产出比之外，还要考虑现金流，想办法缩短回款周期比盈利更重要。

（6）不明白"钱不经花"的道理，不知道节流的重要性，急于求成，制订计划的时候不切实际。比如赚点小钱之后，急于换办公室，盲目扩张团队，创业未半而中道花光预算。创业初期，可能9个人的战斗力是大于30个人的，只有一种情况该请第10个人，就是9个人已经忙不过来的时候。

（7）过于轻视合同的重要性，意气用事，自以为妥，结果悔之莫及。

（8）对于资本的青睐，失去自我，无法独立核算、专款专用等，也常对自己团队造血能力过度高估。

（9）对资源过度依赖，不去维护或者不去开源。有时候资源不是你能控制的，可能承接不上。公关两个字你会读，不一定会写。

（10）对风险管控的无知，和对投资成本与返利差等的莫名其妙，会让你做足千万流水，平添百万债务。有个词叫貌似盈利，有句话是"哥，您怎么会没钱"。简单来说，你不会算成本。

（11）我们希望有外部援助，但不能依赖它，有的人对渠道资源不重视，闷头苦干，不知道有时候一个坑位、一句话、一次资源对接就可以成功。有些创业者忙于业务，对手头的资源没有刻意维护，导致需要用到一些资源的时候，有些已经找不到了，有些又需要重新谈。

（12）方向太多，创始人想法多，对机会敏感不一定是好事。分阶段来看，专注时需要一定的钝感，找方向的时候，敏锐、果敢是优势，找到方向开干之后，还这么敏感，就是错误。守城阶段需要定力，需要屏蔽喧嚣，做纵深，做价值，才能做出有复利的护城河。

（13）总裁班，商会，MBA，教练技术陷阱。创始人做出一些成绩以后，往往会收到各种商会和各种 MBA、沙龙的邀请。去了之后，往往容易被"老江湖"洗脑，变得道心不稳，盲从理论，或者入局一些所谓的短平快骗局。

（14）习惯性逃避冗繁，未通过反复测试的产品不要着急上线，售后烦、掉流量是次要的，关键是败士气，散人心。

（15）无法时刻保持冷静，互联网的特殊性，给了很多类似一夜暴富的机会，遇到这种时候，切记保持平常心，给自己庆祝一下无可厚非，但不要持续太长时间，要尽快回归业务，稳住优势才不会错过好时机。

（16）想得多，做得少，或者光看光想不行动，白白错过机会。

（17）行动初期太高调，或者太草率，第一拳打出去不疼，迎来高手快速抢占市场。

（18）不主动。很多创始人在自己的领域做出成绩之后，开启了沉浸式创业模式，这其实是不对的。当一件事情你选择不去做的时候，主观能动性之强会让你找到各种理由去证明自己的看法，这样不破圈、不链接、不学习，很多新的机会就一个个溜走了。

（19）期望值管理能力弱。陷入业务中的创始人经常会有精神极度亢奋的状态，有无所不能、天下我有的错觉，这种情况会导致动作变形和各种决策失误。

（20）对市场的调研不足。发现一个需求很激动，不由分说就开干，天真地以为用户都是属于自己的，做出来之后才发现，用户早已被其他竞品培养出使用习惯了。

（21）做产品追求大而全，最后导致产品像大杂烩而品不出任何味道，快速得到市场和用户认可拿到正反馈再持续迭代的原则很重要。

（22）对版权、知识产权不够重视，常常遇到合规风险，半年白干。

（23）事事追求完美，不知道区分重要和紧急事务。业务可以先做，不一定要等到完美了才上线。而且，你认为的完美，也只是你认为的，根据客观数据收集反馈、反复迭代，在执行中完善，在增长中修正，才是正确的思路。

（24）我本良相，奈何为王？所谓管理，所谓领导的艺术，牵扯到长相、气质、气场、气派、气势，不行就是不行，这件事是99%的天分加1%的汗水。

（25）市场调查的时候陷入取样偏差和取样不足的陷阱，混淆了真实需求和伪需求，产品人和技术人的自嗨总是伴随着创业的每一步。

（26）有现成的系统、工具、模板、代码等资源不用，一直想着自己开发。就算你很擅长技术，也要认知到技术是要花成本的——时间和机会成本。所以在早期项目试错阶段，只要能满足用户需求，能采用现有的工具就别去另行开发，不然拖着的不仅是时间、金钱，甚至可能会错过一个完整的时间窗口。

（27）心中只有技术，其他什么也不关心。想着搞好技术，天下我有，终生技术，万事不愁，很多技术型的公司由于营销能力、商务拓展能力的缺失，始终无法将业务放大。

（28）生财之路，长路漫漫，钱可以慢慢赚，坑也能慢慢填，但万万不要用命去填坑。不是危言耸听，我希望各位创业者在生财之路上能多注意自己的身体，定期体检。你不是一个人，你还有家人，你永远不知道你的存在对家人有多重要。

（29）只想着不断补强团队，忽略了企业文化建设、价值观塑造，以为一切问题的根源都是团队成员能力问题，但是低估了一群很厉害的人。

（30）赚到钱后出手阔绰，江湖义气乱分钱，导致自己最后很被动。一定要想明白，赚钱是为了科学分钱，分钱是为了赚更多的钱，而仅仅为了爽感。所谓财散人聚，我们应该想的是以财养人，再赚更多的财，只要最终的落脚点在财上，就不会偏太多，落在任何其他点上，都容易跑偏。

（31）不要有创业执念，阳春白雪，雅俗共赏。要想明白，先有用户，才有用户习惯；先有消费，然后有消费升级，任何能获取用户的方式或产品，不管形式怎么样，都是值得花时间好好去研究的。

（32）人一旦小有成就，便会有点飘飘然了。我觉得，可怕的不是看得见的各种坑，而是长在人心里的人性的无形坑：小有成就，安于现状，贪图安乐，失去斗志之坑；丧失进取心，失去执行力的巨坑。

（33）技术创业者最常入的坑，就是总想用自己的技术手段去强行满足一个可能并不存在的需求。这样的产品观，往往是悦己成分大于切实给用户提供价值。

（34）任何想象中很美好、高大上的产品，如果不具备持续获取用户的能力，不能被认可和被主动传播，都算不上好产品。

（35）对电商创业者来说，流量是关键，但不是一切，不要只把目光瞄到流量上，产品、仓储、物流、客服、现金流都是你要去仔细斟酌、反复研究的点。

（36）互联网做生意跟线下做生意，是两码事，合同约束力不可一而概之。

（37）要对你不熟悉的领域保持敬畏，保持空杯心态，在你深耕其中并深得个中三昧之前，不要试图去揣测和判断一个平台级的机会是否有上限，天花板有多高。

（38）有人忽略了一个词，叫"合规成本"。经历过黑天鹅事件的人，都能想明白，企业在合规面前的渺小。"合规成本"这四个字的含义一定要反复理解，简单来说，就是能让你的公司不要因为合规问题，而遭受归零风险需要承担的额外经营成本。

比如，你在某些平台上经营，需要一些人工干预，那么，你要花多少钱在干预上，才能让被封禁的可能性降到最低；比如，你要经营一家短视频公司，你需要办 ICP（网络内容服务商），你要做课，你公司的讲师要有教师资格证；比如，你做线下，消防过关不过关，你要加盟，有没有招商资质。如果没有合规成本意识，你的企业归零的可能性就始终存在。

（39）能雇佣就雇佣，能借贷就借贷。意思就是，能不合伙最好别合伙做生意，如果一定要合伙制，切记一定要白纸黑字写清楚，权责分明，尤其是退出机制要明确，尽量减少合伙关系错乱对企业的影响。

（40）最后，不管怎样，我们要保护好内心的光亮。因为有人会凭借它走出黑暗，喧嚣浮华的创业环境常有捷径，要知道，时代馈赠的礼物，早已在暗中标注了价码，创始人应该让自己的人生远离系统性风险。未来三十年是诚信的三十年，钱要赚，字号不能坏，二者不可得兼时，要取其重。诚信永远是第一位的，事无大小，量力而行，不要给自己留下污点，互联网是有记忆的，且圈子真的很小。

6.2.5 认知差

认知决定一切。换一种说法，就是在更高维度的认知面前，技术和操作显得弱小且稚嫩。不要因为身边的人每天都说提升认知，感觉这个词只停留在口头上，就不把它当回事。

认知差是思维层次的差，是那种绝对的碾压做无效功的层次差。无效努力，就是这个意思；方向错了，停下来就是前进，也是这个意思；事半功倍，也是这个意思；成年人的世界，没有自知之明的倔强是致命的，也是这个意思；新颖的操作是耗能的，加戏是致命的，也是这个意思。

确实，认知是人与人之间最大的壁垒。现在是最好的时代，我们要明白，以前壁垒很多，比如家族、出身、城市等，其他壁垒暂且不提，可操作性也不强，现在就剩下一个，认知。所以，我们要不计代价地、投入大部分资源去提升自己的认知。

消灭认知差，很多人以为投入大量的信息增量就可以了，但是仔细琢磨一下，也可能是操作系统不匹配。就像很多软件，华为手机能用，但苹果手机不允许用，不是手机内存不够，是因为操作系统不一样。改操作系统，忍受阵痛，这就是代价，提升认知的代价。

拿另外一个同样受欢迎的词来举例："信息差"。信息差，是你根本没看到或不知道，而别人看到了或知道了，并且凭借这个谋利。认知差，是两个人都看到了或知道了一样的东西，可是解读能力不一样，决策质量不一样，行动不一样，后面产生的结果也不一样。

认知差有两个维度：认知广度上的差和认知深度上的差。

认知广度和"举一反三"有关，是把看到的 A 和看似无关的 B、C、D、E 等建立联系的能力；认知深度和"理解的抽象度和颗粒度"有关，向上能抽象到什么程度，向下就能具体细致到什么程度。

对人的直接影响，用"睁眼瞎效应"应该更好理解——明明两个人看到了一样的东西（并不存在信息差），为什么做出了不一样的判断？

A和B共读一本书，A只能做到读完，但不会发生实际的改变；B读后还可以和自己过去的成功和失败经历建立联系，甚至在书里发现了一个商机，组了一个付费共读共讨论的局。这个例子里，A和B不存在信息差，是认知差造成两个人采取不同的行动，得到了不同的结果。

再如，爷爷把文章转发到微信群里，并配文"不转不是中国人"；奶奶觉得你要穿秋裤了，等等。面对同样的信息，每个人各自的做法不能用对与错来评判。

爷爷转发到家庭群，他是爱国的，他的发心和行为，都没有错，所以，不孝有三，长辈群里辟谣为大。奶奶是真的觉得冷，但是她不知道你那么健壮，她用她的体感觉得你也同样冷，然后逼你穿秋裤。爱美不是错，错的是爱嘚瑟的你。

再比如图6-2，面对面的两个人看着同一个数字，一个人说是6，另一个人说是9。他们都没错，这就是处在不同的角度，有着不同的认知差。

图6-2　知识结构差异视角

知识结构差异，主要就是三观差异。

三观是人生观、价值观、世界观。一个人的三观和原生家庭、地缘文化、所处环境和人群紧密相关。人就这样因为认知而分了圈层，没有对错。

一个清华博士开了一个社群，赚了1000万元；一个小老板，在家乡因为能喝酒、情商高，叱咤生意场，也赚了1000万元，他们俩并不会看不起对方。老板很尊重读书人，而博士也不会看不起老板，因为他知道龙有龙门，蛇有蛇道。

再就是信息差导致的认知差。

信息在传递中会带着人们主观的情绪和判断。被获取的信息存在来源的差别，而信息源又分干净与否，且信息是人们认知的来源。所以，信息差会逐渐导致认知差，这就需要我们在平时重视信息检索能力和甄别能力。

以中医中药举例，如果你想毁掉一个群，就去群里夸中医。因为在可被获取的信息源里，认为中医好和不信任中医，这两种信息体量是打成动态平手的，所以对抗就存在了。

这就是认知差。存在认知差的两个圈层，如果面临对抗，在一定的程度上，几乎还可以交流，在深度话题上则难以继续探讨，相互否定的认知在根本上是相斥的。

在此，我们再来讲讲用认知差赚钱。

在一个机会、一个行情、一个平台、一个趋势、一种现象、一个热点、一个玩法等刚刚兴起，或者还没有兴起的时候，仅有一小部分人能敏锐地借助他们对底层逻辑的理解和认知与前瞻判断，迅速抓住机会。而这时候，大众还处于茫然的状态，对这些有可能的利好，理解还很模糊，这就是认知差。于是，借风口起飞，也算；传道授业解惑（培训），赚一波也算；先吃红利占山头，也算。

很多时候，赚钱就是把你的常识卖给别人，仅此而已。而所谓常识，就是那 10 亿人不知道的常识。把时间轴拉长，不断提升的认知，可以带来相对持续而稳定的确定性。

6.2.6 红利一直在

在社会的大环境下，我们可以把自己知道的、接触过的，看作一个圆。圆以外的，就是未知。于是，圆越大，与外界的接触面，也就越大，这就是为什么越厉害的人越谦逊。

经常会有人问我某个赛道对于普通人来说是否还有机会。我就在想，我什么时候有资格评论这些事了。要记得常怀敬畏之心，时刻自我警醒，不要轻易地去评价平台级的机会或者上限。看着很多还没有入门的玩家，经常叫嚣着百度已死，字节没有梦想，腾讯欺负创作者，电商再无机会，等等，如果是我，我会觉得自己很浅薄和无知。

非要让我说的话，我好像也会一些。拔高的不说，落地的比如：对个体来说，这是一个最好的时代，权力下放的时代，传播是人类最强的武器，把互联网当作工具，不断丰富你的武器库（平台），再如知乎是枪，B站是矛，抖音是剑，小红书是刀，快手是戟，淘宝是斧……

这不是一个没有答案的时代，这是一个到处都是正确答案的时代，都是工具和工具的使用方法罢了。

不管你是掌握一个，还是多个，要记得，万法归宗。宗是什么呢？私域。私域是什么呢？能随时高效反复触达的人群。用十六字真言总结就是，"保持健康，做好私域，我们有人，他们有钱"。再补充一句："若会买量，万事顺意，投放之外，尽为蝼蚁"。

你可以记一个词："互联网+"。这个词说了快20年了，但还是有着巨量的机会，随便举例来说，互联网+医疗，互联网+教育，互联网+本地生活，等等，红利始终都是在的。

6.2.7 创业城市与时机

想创业的话，记得多缓缓。有句话很有意思，这句话是：如果他大脑里想的是对的，那为什么口袋里没有他要的？所以，尽量不要因为一个脑袋里看起来能实现的想法，就直接去创业。

主业先干着，同时提高自己的时间利用率，从副业开始，选个力所能及的，跟着有结果的老板先干一阵子。不要嫌挣得少，能赚一些是一些，抗风险能力会强一些，等收入上来了，再考虑自己搞个小事业，并尝试放大。

城市选择上，尽量在一、二线城市，机会和资源都相对较好，毕竟人多。常言道：人往哪儿走，机会就在哪儿。如果想在三、四线往下的城市创业，我们可以这样想：三、四线和一线比有什么相对优势呢，人脉/资源？生活成本？用工/场地成本？信息差市场？

我觉得如果一定要去的话，大概有两个方向。

第一，本地资源特别好。实体的话，比如你能拿到旺铺；比如你能拿到包销的活儿；比如你有某方面政府资源……简单来说就是，政策落实过程中的红利。

第二，本地氛围特别好。你用在一线城市积累的各种资源，利用四线城市廉价的用工成本和场地，做一些一线城市没法做的事。比如互联网相关服务，给当地的餐饮做支付；本地拉新，做短视频代运营；新媒体/小程序相关；反哺一线城市，给一线城市产出内容，做廉价的买家秀、拍短视频、撰稿、种草文等劳动密集型产业……

总结一下，想明白信息差、认知差和资源差，如果能理解并很好地掌握，就大有可为。

6.2.8 开始，完美与完善

其中重要的一点是具体问题具体分析。我们要尽量做到完成的时候是当前软硬件和状态所能做到的完美，而不是凑合主义。

不是要追求完美主义，而是先完成，在执行中不断完善，在增长中修正。比如这种情况：你眼中的我是 70 分，你所能做到的 70 分，已经是普通人眼中的 100 分了，这时候再追求完美主义的话，就可能错过一个完整的时间窗口。

没有人一开始就知道具体要怎么做，想法并不会在最初就完全成型。只有当你尝试去完成它的时候，它才会变得清晰，就像前文说的，先有画面感，然后有拼图，再通过进度条让这个画面逐渐清晰。

你只需要开始去做。伟大的产品和现象级的平台，都不是一开始就知道会长成什么样子，如果你认为这些伟大是由于灵光一闪，或者说一开始就知道方向，那就错了。这会让你一直感觉还准备得不够充分，导致不采取行动，或者拖慢节奏，让一些好想法搁浅，错失良机。

前阵子有个朋友问我，说自己做事的时候老想着准备到完美再开始，反而干什么都不行，常常准备到一半就推进不下去了，是不是应该赶紧开始，先完成，再完美呢？

我想了下，这里可能有一个误区，先开始不是随随便便就开始。要开始做一件事情，基本上，你的大脑、人生阅历、社会经验、技能储备、软硬件都会被调动起来，把所有因素考虑得差不多后，这时候会达到一个阈值，我把它叫作"当前最优解"，然后就可以开始了。

如果你想准备得更完美，其实是想在"当前最优解"的基础上，再优化那么一点点。其实这一点点会很难，这属于核心生产要素缺失，大部分时候继续深入准备都是劝退。

记住这个词，"当前最优解"。如果你也认同这个概念，做事情会高效很多。至于完美的契机，是"涌现"的，在执行中完善，在增长中修正，就可以了。

只要我们一直在行动，就可以了，即使总是输，但偶尔也能赢。

如果很难成为一次性就把事情做好的完美主义者，我们可以做一个不断把事情做得更好的完善主义者。

6.2.9 有效工作时间

网上有个小测试，可以算算我们每小时值多少钱。

时间就是金钱，要赚钱，首先要学会用钱去换时间。有限的产能，尽量不要用在琐碎的事上。

这点其实很难做到，尤其在创业初期，不管是经济上还是心理上，要迈过事必躬亲这个坎都很难。一旦你迈过去，就是质变。也许你可以尝试和我一起做件事：买一个计时器，每天开工的时候按下那个计时器，吃饭、玩手机、接电话或者休闲娱乐，任何非工作的时候都按暂停，最后得到的时长就是你的有效工作时间。

这个习惯会残忍地让你直面你的低效的事实，帮助你尽快迈过那个坎，更快地想通轻、重、缓、急这四个字的真义。

如果当某天你收工的时候，计时器的时间超过五个小时，那么恭喜你，你迈过了那个合格创业者的里程碑。

6.2.10 关于焦虑和欲望

人们多有焦虑，需要的不多，想要的太多，实现的又太少，这就是焦虑的根源。结合那句顺应天命，相信运气的力量，我们展开分析。

马云有一个口头禅，叫拥抱变化。

这是一个快速变化的时代，我们是幸运的，相对也是不幸的。焦虑总是难免的，要避免焦虑，首先要想清楚一件事，就是一个人成功到底是因为什么。

我这里有个公式：回报 = 选择 + 努力 + 运气。

选择是什么呢？选择一个系统性稳定、基本面足够，而且长期处在快速增长的赛道。比如医疗、消费品、短视频，这些都是，然后选择适合自己的方向和策略。

那努力是什么呢？就是你起码要比你的同行更努力。再有就是运气了，运气虽然是随机的，但你可以理解为总量是恒定的，只要你在牌桌上，就能够守到属于你的运气，或迟或早。

所以不要焦虑，每个人起点不同，资源不同，一味去外部找对标很容易扰乱自己的心态。也有人说，很多人其实也都是草根起家，动辄年入千万元。其实，这只是因为他成功了，你并不知道他在他的领域已经沉淀了多少年，也不知道他为了迎来这次爆发尝试了多少次。多年的社会经验和技能积累加上好运气才换来了人前的一次高光，而那些你未曾听说的、一次又一次失败的比比皆是。

不要焦虑，不要过度解读。我建议，一开始对标选一个稍微高一级的，然后再挑战下一个级别，一点点积累，一层层跨越，健康而持久地增长。而不是一开始就跨层级去对标，这样很容易焦虑。就比如教一个小学生学高中知识，学不会他肯定会着急，以为自己笨，但事实是这样吗？

世上最公平的事情就是每人每天都有 24 小时，而如果你意识到自己各方面确实比不得那些天才，或者行业里已经有沉淀多年、领先你甚多的选手，就是所谓比你优秀的人比你还努力，你很难通过持续实现在他面前的绝对优势，那么我们可以选择压倒性地把时间投入某个细分点位，谋相对优势，就会有与他们平等对话的资格。

6.2.11 初级创业者为什么要组建团队？

这是一个很有意思的问题，这些年我观察身边的初级创业者，大多是突然忙不过来了，就招了一个人，还是感到人手不够，又招了一个，就有了团队的雏形。还有一些创业者在创业初期吃到了一波红利，就想扩大公司规模，不断地招人，无序扩张，结果项目黄了。

不管怎样，团队就是创始人手眼的延伸，是公司的加速器，是业务的护城河，团队于创业者，是不可或缺的。那究竟为什么呢？下面我展开说明。

1. 算一笔单位时间产出的账

"一个创业者的节奏感，取决于他在创业的每个阶段，对于时间利用率的整体把控能力。"

创业初期，创始人兢兢业业，事必躬亲，这无可厚非。为了维持公司正常运作，一开始大部分业务都由创始人亲自负责，甚至很多琐碎的事，也是自己来，因为每个客户、每项业务都很珍贵。

当公司运作到相对稳定的时候，创始人就应该想明白，本质上创业者最重要的资产，就是时间。创业一开始用时间换钱，相对稳定的时候，就要用钱换时间，用钱换加速度，投放买量如此，融资如此，团队也是如此。这时候，创始人就需要算一笔账了，怎么算呢？

比如创业者一个月能赚 25 万元，每月工作 25 天，每天有 10 个小时的有效工作时间，那么，他的时薪就是 1000 元，而他的时间，大概有 70% 用在琐碎的事上，这就是极大的浪费。

按深圳的月薪来算，请一个月薪 1 万元的助理，每月工作 25 天，每天有 5 个小时有效工作时间，那么她的时薪就是 80 元，你用 1000 元的时薪，干着和 80 元时薪一样的活，这就是不正确。

攻城和守城不同，创业者需要想明白，这时候就需要有团队替你完成一些基础工作和琐碎的事，而你则腾出时间去攻城略地。

2. 创始人向后走，公司向前走

"眼睁睁地看着事情被搞砸，是一个创始人进化的里程碑。"

创业的最终目的，是构建一个哪怕自己不参与，业务依旧能够运作良好的体系，这就是团队的力量。

创始人的精力和时间是有限的，全身心投入某件事，常常会深陷琐碎，沉没的不仅是时间，消耗的不仅是心力，创始人无法抽身出来与外界的新事物、新思路碰撞，往往会因此错过很多机会。

不仅如此，创业初期，能获得一定成功的创始人，一定有着对业态深刻的洞察，对流量的敏锐和机动，但是随着时间的推移，他会突然发现无法进行下去了，仿佛跟不上社会发展的节奏了。

所以，创始人应该有眼睁睁看着事情被搞砸的觉悟，把一些一线事务中不是非你不可的事情，交给团队去完成，慢慢让团队人尽其职，物尽其用。当团队有了基础造血能力之后，创始人就可以腾出手来，寻找更多的资源和机会窗口，给公司业务注入活力和创新因子。

简而言之，一个运转健康的公司，创始人的"非你不可"指数越低，说明团队越强大。

3. 创业者总是在别人的帮助下走向成功的

"成年人的孤独，是一首冷暖自知的歌。"

创业过程中，创始人总是会遇到各种需要拍板、需要担责的时刻，也会遇到各种纠结、彷徨的瞬间，还会遇到很多问题无力解决，需要帮助。这时候，我们需要归属感，需要一个有着共同创业理念、彼此信任、为共同的创业目标和使命感努力的团队，来助力我们的决策和运营。

A. 互补。创始人不可能在所有的职业领域都擅长，这时候就需要有个好团队，成员各自专注于自己擅长的职能，其他伙伴给予充分的认可，公司才能顺利而高效地运转下去。

B. 责任共担。多人与你一起承担经营风险，往往不需要更多的意见和建议，只是需要有人某种意义上的参与决策，降低创业者的盲目性和随意性。

C. 认同。创业者是一种需要不断用被认同感去饲养的"怪物"，被需要、被认可，要有成就感，而成就感，是创业的引擎。

4. 社会使命与社会意义

"成功的创业是解决了某样社会问题，有了一定的社会意义。"

创业的本质，就是一个不断整合并优化手头现有资源，像滚雪球一样，把这些资源不断放大，并在这个过程中创造价值，获取利益，从而维持这个雪球不断变大，直至实现某个社会意义或解决了某个社会问题的过程。

这个过程一般包括：流量驱动→产品驱动→模式驱动。

如果没有一个健康的团队来提升你的领导力和格局，你可能无法做到始终能找到当前最优解，并逐渐接近真相，往下一个阶段推进。

同时，这个过程也需要团队作为杠杆，去撬动资本和资源，缩短创业公司实现其社会意义的进程。

总之，创业以人为本，创业者必须依靠构建团队来达成梦想，在对话与和谐中寻求基本一致，各司其职，精诚合作，一起去追寻更多的确定性，一起成就事业。

6.2.12 求法乎上

这句话大家可能都听过。

取法于上，仅得为中。其实我一直认为，对大部分人来说，求法乎上，乃速亡之道。高追求带来高期待，高期待引起动作变形，动作变形导致速死。

对于普通人来说，有一个词叫耐受。同样的项目和目标，每个人的耐受时间不一样，有些人能接受 3 个月不出结果，有些人只能忍 7 天。我们要想办法拉长耐受时间，才能在归因的时候，把样本量做到足够，如果期待值很高，耐受度就会相对降低，对拿结果、士气、心力其实是有伤害的。

所谓追求卓越，卓越的人是可以指哪打哪的，有个朋友和我讨论过这个问题，他回复我说："我们已经平庸到只求活下去了吗？"他的意思是，一个卓越的人是可以实现高立意、高标准、高要求之下，还能有忍受孤独、不理解的勇气和耐受力的。

我认为低期待可以根据自己所处的阶段来设定。比如，现在我的内心早已麻木不仁，能触动我的事情很少，我的幸福阈值被拉得很高，所以我一直强迫自己低期待，去获取希冀的快乐。

低期待的应用场景还有很多，不仅仅是做项目和日常精进。比如，对他人低期待、少索取、不苛求，这样就不会显得那么有攻击性；感情生活中，对父母、爱人和家庭，也是如此。低期待就不会让自己显得尖锐，职场中同事关系也是一样。

当然，创业中也要慎重地"取法乎上"。

普通人立志高远，大概率就是被遥不可及的目标所带来的不确定给搞挫败了，正确的做法应该是去拿到"惯性 buff"。什么意思呢？就是你先拿到一个小结果，然后再拿到触手可及的下一个小结果，这样就会像滚雪球一样，把你既得的成功不断放大成一个巨大的结果。

普通人创业，不太适合沿用大品牌、大公司那一套方法。虽然这些方法被验证过，但如果我们不结合自身的实际情况，大概率会因为资金、团队、产品这些软硬件上的先天不足而中道崩殂。每次听一些企业家分享，我甚至会有一种他在告诉我他当年中奖的彩票号码，而我能用这串号码买中今天的彩票的错觉。但是，稳扎稳打，还能够有机会保留不下牌桌的资格。

活着→活下去→活得更好，应该是一个比较好的路径，而不是单纯的取法乎上。

先不要拔高，自行日日不断之功，终有一天，你也会发出"我们见过伟大，怎能甘于平庸"的呐喊；你会奋进，作死和平庸，并没有什么差别；你会感慨，平庸就是对我们最大的惩罚。

6.2.13 自嗨型创业

业务决定产品，业务可以灭嗨，业务可以祛魅。

很多时候，我们信息源会是朋友、家人、道听途说、被人按头安利、权威推荐等，但是我们始终要明白，真正的需求，才是决定这件事情走向的关键。

拿产品来说，我们都会被灌输独家渠道、一手货源、功效保证等诸如此类的概念，以期让我们加入他们。但在现实世界中，有绝对优势的产品，往往是求之不得的。比如你有茅台代理权，你有某热门演唱会的门票，你有戴森的硬渠道，这些才是真正意义上的好产品。而不是你某个叔叔家里的果园、你闺蜜同学的品牌代理、某个朋友和你说的某权威机构出品的产品……

当然，真实的需求往往更复杂一些，比如，纸尿裤、奶粉之类，用户和客户不是同一群人。但好的业务，一定是满足特定人群的需求，解决他们的问题，给他们提供价值。

人群是先于需求的，如果你不知道用户是谁，就无法清晰地知道他们的真正需求，常常会陷入需者不懂、懂者不需的怪圈。多数人都很贪婪，想要更大的基本面，最好一款产品男女老少皆宜，但伴随而来的是更大的众口难调。更难的是后期的营销，无法精准定位到目标人群，将造成人力物力的浪费。

销售的核心是什么？销售的核心只有一个，就是百分之百相信你自己的产品。你自己会用，会给家人用，会推荐给朋友用，并且能清楚地想明白这个产品是什么，是给谁用的，要去哪里找到这群人，自己想要通过这个产品，在多长时间内，赚到多少钱，愿意花多少钱，愿意付出多大的努力，没有正反馈的话，自己能坚持多久，想做多久……

不断地追问这些问题，如果每一个答案都是铿锵有力的，那么你成功的确定性将大大增加。如果答案是含糊的，那么在追问自己的过程中，你也会清晰地认识到，自己的选择可能是错误的，停下来，就是前进。

在这个人人皆微商的时代，更多的确定性来自更清晰的人群和需求地位，我们才不会陷入自嗨，半途而废。

6.2.14　先胜而后战

包赢，这才是真正的确定性，而这些确定性去哪里找呢？

大家可以仔细想想，如果目的是赢、是赚钱，是不是只要选择和牌技或者运气完全不如自己的人打牌，就更可能赢；是不是只要选择一个暂时没有人或者没有能打的人的赛道，你带着绝对优势进去，就更可能赚到钱？

经过这几年特殊时期，互联网增速趋缓，很多朋友放了一些心力在实体经济上，我也一样。

这半年，我陆续开了十几家实体店，凭借老练的社会学、敏锐的网感，基本上都实现了盈利，做起来的有麻辣烫、棋牌室、茶馆、除甲醛公司、家政、自习室，包括即将做起来的云吞店。

我开店的逻辑有很多，最重要的一条，我把它叫作"消费力套利"。起因是我在做社会实践的过程中发现一个很有意思的现象，就是三、四线城市的休闲娱乐、生活消费往往不输一、二线城市，人工和场地成本却远低于一、二线城市。

且伴随传播媒介的兴盛，人们对所谓"品质生活"的判定有着相差无几的标准，三两好友去吃个宵夜大排档，在舟山和在宁波，都要两百多元；一杯瑞幸咖啡在广州和在中山一样价格；打台球或是上网一小时在厦门和在龙岩，人们的心理价位，并没有太大的差别。

是的，于是我就开始找那些"确定性强，大概率赚钱的生意"。

比如，没有餐饮经验的我，就选择那些不需要后厨，以预制菜为主或者中央厨房配送的加盟生意。因为我清楚地知道，选址和运营可以操作，"人"才是最不确定的因素。如果一家店，厨师和出品是核心，系统性风险就会变强。

比如，我要做一些在大城市已经很流行的无人值守的贩卖空间的生意，然后带着一、二线城市较为先进的互联网思维回去，真正做到错位杀，这样，确定性就高了。

6.2.15 对市场的意义

商人与企业家是不同的，区别在于哪里？企业家有他的社会价值，会解决某些社会问题，具备一些社会使命，这就是区别。

所以，不管真假，不分高低贵贱，在创业中期，尽快找到自己或者自己公司的使命和愿景，是非常重要的。先有一个模糊的形象也行，但不能没有，然后再慢慢迭代。

如果你实在不能理解什么是使命、愿景和价值观，可以通过解答几个问题。假如你要对客户喊一句口号，这个口号会是什么，你才会在任何场合大声地喊出来？假如你要对团队喊一句口号，这个口号会是什么，你才会无惧直视所有同事的眼睛，大声地喊出来？你要用一个什么标准要求自己，这个标准是什么，并确定自己未来五年八年都不会变？

一个创业者心里有了"使命"和"愿景"，就像钢铁侠有了方舟反应堆，变形金刚有了火种。眼里有光，心中有路，大概就是这种感觉。

6.2.16 增长的确定性

"所有的哀叹、抱怨、愤怒，都来自对增长的无能。"增长应该是大家最关心的话题了吧。

增长其实包括很多，用户增长、产品增长、团队增长、运营增长、个人增长、模式增长、渠道增长、营销增长……每个单独拿出来，都能再分出好多点，再细分的每个点，都是一个宏大叙事，在此，我们只谈前两种。

　　首先是用户增长，为了好记（强行对称），我开始时把它分为两个方向："人流"和"留人"。用户增长，有且仅有这两个点。

　　"人流"，就是所谓的引流（更多曝光）、拉新（获取新用户）之类的，包括获客、激活、注册、填表、加好友等求增量的行为。"留人"，就是所谓留存，包括付费、复购、裂变、转介绍、分销、代理等基于存量的价值最大化利用的行为。

　　功利地说，就是找到你要的人，要让他们来，并让他们留下，让他们消费，让他们说好，让他们信任，最后让他们带人来。

　　所谓产品增长，首先要有一个能满足人们某种需求的产品。记住，一定是真实需求不是伪需求。怎么区分呢，比如电动牙刷，真需求是更干净，伪需求是更方便；咖啡馆，真需求是空间服务，伪需求是喝咖啡；电子烟，真需求是社交场合装酷，伪需求是顶瘾；生日蛋糕，真需求是好玩/好看，伪需求是好吃；名烟名酒名茶，真需求是社交/送礼/待客，伪需求是自用……

　　请注意，洞察真实需求不是一件容易的事情，不要自己臆想用户的需求，而所谓的取样或是市场调查更不容易。取样是一门真正的艺术，取样不足和取样偏差，会让产品人陷入虚幻的自嗨和颅内高潮，更重要的是，有些时候，其实用户也不知道自己要什么。

　　伪需求能不能做呢？能，通过包装和渲染（所谓的微创新），教育用户（教育成本高），一些经验尚缺的用户会为此买单，但是此类产品很快就会泯然众人甚至消亡。

真实的需求会有一个唯一的、明确的、可量化的、能追逐的点可以做，也就是能凝练出一个指标。比如日活，比如用户时长，比如购买频次。拿用户时长举例，很多人觉得讲用户时长用处不大，但是没什么不可以聊的。再如微信，前文也提到过，微信很好吗？确实很好，但是真正绑住你的，是你在这个 App 上的关系链和无数场景，而不是这个 App 本身。

产品增长就是找到这个需求点和唯一函数，然后产出更多需求和场景，这是一个由供小于需到供等于需的一个过程。记住，这是一个无限游戏，供永远小于需，但无限接近，刚刚好。

什么是供大于需？耳熟能详的案例是犹太人把牛奶倒入河中，为什么他们就算倒掉也不分给或是降价出售给穷人们呢？因为送或降价都会影响需求。据说大量品牌的临期化妆品都选择做活动送掉，也不在专柜打折卖，但把它们列入产品增长上的供大于需有些不恰当。

再比如医美，比如教育，大量的伪需求涌现，使得行业的业态乱了，获客成本也随之提高。以线上教育为例，学科、思维课、编程课、声乐课、兴趣课林林总总，说是打主需求以外的长尾需求。而实际上，连最大的真实需求，提分、学科，都已经供大于需了，又何况花式作死的伪需求？在市场初期的喧嚣过后，用户会进入一个冷静期，市场会给你几个耳光，然后生态位的排序，就出来了。

有朋友可能会说，需求一直在变。有没有一种可能，需求一直没变，变的是承载需求的产品，或者解决需求的方式？

比如需求不变的肯定是衣食住行、教育、医疗等。变和不变其实很微妙，不变的肯定是需求，任何行业，供永远小于需，但是无限趋近于需，这是最健康的。这个过程中，会衍生出很多在不影响总需求的前提下，同一需求的变体。比如，星座、塔罗、情感咨询、倾听类产品等，这些即使没有也不影响我们的正常生活。甚至我认为，苹果手机本身就是硬生生多出来的需求，因为它很美很颠覆。某些时候，变就是不变，变本身是不变的。比如，硬件的发展、科技创新所带来的趋势，就是真正的趋势，这个是不变的。屏幕更大，网速更快，流量更便宜，这意味着什么呢？信息载体的迁移？社群社交（地球村）大利好？精神世界的丰盈可能将由游戏来实现？我不懂，但可期。此外，还有系统性调整和结构性调整。比如电商只是零售的一部分，线上多了，线下就少了，这是零售系统里的结构性调整，这是变，还是不变呢？

到这里大家应该理解了，不变的肯定是本质，是人性。比如让人们的生活过得更好、更舒适、更快乐、更长寿、更健康、更美丽；比如，生物行为的底层逻辑是"提效降本"，更方便、更快、更有利、更便宜、更确定、更高效、更安全，等等。

6.2.17 增长，就是商业的逆向工程

大部分行业，你的对手一般不会超过五个。你只需要逆向找到他们，了解他们在做什么事情，然后结合自身的软硬件水平，并判断自己能做哪些，就算照做达到 80 分，结果都不会太差。

1. 像素级模仿底层逻辑

即做正确的事情，"在这片土壤上"做被消费者和同行验证过的事情。大部分时候，所谓创新其实是在赌，甚至可以说是求死之道，想要开始之前，需要做好评估和判断。

2. 如何找到模仿对象

模仿行业前五，你可以简单理解为，任何行业最多只有五个同行。举例来说，现在让你马上说出五个洗衣机品牌，五个空调品牌，五个内衣品牌，想必很少有人能脱口而出，而这些产品都是年销售亿单级别的产品。

找到了方向，接下来的事相对简单。记住一句话："增长，就是商业的逆向工程。"通过不断搜索，不断观察，逆向找到他们出现的每一个地方（品宣推广相关的一切入口），搞懂他们是如何做好转化的（物料素材以及销讲的整条路径）。

3. 模仿的方法

a. 有没有标准？

有，结合自己软硬件，像素级模仿能模仿的一切。

b. 前中后不同阶段有无区别？

当然有区别，前中期能坚持模仿，跟上别人的迭代已经很厉害了，后期有实力的话，要去到没有对手的地方生长。

c. 怎么把握抄袭和创新的平衡占比？

能抄作业已经很厉害了，大部分创新是无用的。应用材料创新？科技创新？作用甚微。

4. 有没有可以学习的案例

可学习的案例非常多，保险、医美、皮肤管理、家装等数十个领域，全是互相借鉴、互相跟随。如果你细心地看几个小时抖音，就会有所发现。

6.2.18 OKR 和 KPI

这是两个很受大家欢迎，我却不是很感冒的概念。我们来探讨一下，如果"个人即公司"，要怎么去应用它们。

首先，我们可以适当理解一下 OKR 和 KPI。

先举几个例子。

读书使人明智，这个明智是 O，每天做真题、背单词，保证充足睡眠，是 KR；语数英平均 90 分，物化生平均 80 分，是 KPI。变美、变健康是 O，每天跑步、撸铁、好吃好睡是 KR，瘦 10 斤是 KPI。公司要渡过经济寒冬是 O，多开展会、在不同城市投放广告、当行业 TOP3 是 KR，销售额必须达到 1 亿元，市场总监手下十个销售代表每个人必须完成 1000 万元销售业绩，是 KPI。你会发现，吆喝还是 OKR 多，发钱、拿钱还是得看 KPI。你也可能会思考，OKR 像是镜子，KPI 是体重秤。你也许会想，KPI 是够用了，给它加个 O 配合一下，就更丝滑了。整体来看，OKR 的人看 KR，会考虑这是不是呼应 O 的，这么做会不会跑偏。KPI 的人看指标，会考虑这么做，到底能不能完成。大家一定看出来了，KPI 会让人动作变形，比如瘦 10 斤，饿瘦 10 斤也是一种方法，但是偏离了 O；销售额完成了，但利润呢？考试分数达到了，但性格扭曲了，如果分数不理想，又产生挫败感了……

　　OKR 会让人犹豫、纠结，会让事项拖延、烂尾，因为阶段性的关键结果是涌现的，过于教条会错过很多。突然来的冠名机会又便宜，难道就要错过吗？

　　那这两者有没有用？当然有，且有大用。但很多朋友都会忽略一点，就是需要好的、灵活的、优质的"组织"和领导者，放到个人层面，则需要顶级自律和智慧。所以，对于普通人来说，这两者可能并不合适，可能会陷入目标就是制定目标，给制订计划去做计划，为了时间管理而管理时间等低层次的循环当中。耗能，且多是无效做功。盘算，纠结，观望，犹豫，全属于后退，一定要实际行动。我们必须相信，每件事都有属于它的"唯一函数"，只要做这件事就够了。你动起来，就一定会瘦；你学习，就一定会变强；推进这件事，代表着这件事正在被推进，所以这件事必将实现，或者说在不断实现。至于动起来后，瘦多少，瘦的速度，变成多强，可以在动的过程中，去调整投入，去改良方法，去修正。在动的过程中，可以不断迭代，遇到问题解决问题，这才是我们应该做的。只有这样才不会陷入"你的勤奋还不足以检验你的智商和方法，你的执行还不能够验证你的创意和天分"的泥淖。

　　我们要相信自己的身体，相信自己的大脑，用行动和结果去滋养它们，它们才会更好地为我们做事。

　　有时候我们无须去拉动增长，只需要找到抑制增长的原因。而大部分时候，这个原因就是没开始着手去做。

口号容易让我们陷入偏激，一边是"方向不对努力白费"，一边是"你只管努力，剩下的交给天意"。前者会让我们只想不动，后者会让我们只动不想。

真实的世界没有那么纯粹，给自己定的 OKR 和 KPI 也很可能因为行动带来的新信息发生微调，甚至变化，这都是正常的。

那么，就从一个模糊的方向开始，行动，反思，优化方向，再行动，再反思，再优化方向……直到满意为止。

6.2.19 低估和高估

忘了什么时候听过这样一句话："永远不要高估消费者的品位，永远不要低估消费者的智商。"我觉得反过来说也成立：永远不要低估消费者的品位，永远不要高估消费者的智商。

第一句，是低估消费者的购买力。品位很虚幻、非标，往往有品位的人购买力也非常高。我简单地认为，"大牌＋贵"，在如今的社会环境里，代表着品位。所以，做价格体系的时候，可以适当尝试价格带覆盖的战术，也就是在你最贵的套餐／产品上，再加两个有价值的价格档位，也可以做心理锚点促进转化，也可以做人群测试，或者做高溢价产品迭代的依据。

第二句，是讲耐心对待每一位消费者。做内容的，少用专业术语，不讲黑话、行话，尽力讲透每个点全面做产品的，做好简单明了的使用说明书，最好就算不借助产品说明书，消费者都能轻松自如地使用。有非常多厉害的技术型、工具类公司，连一份像样的简介或者产品手册都没有，对用户非常不友好，更别说大部分销售向公司都没有一份厉害的招商手册了。不要说什么懂的都懂，我们就要做精准的目标人群。这是一种逃避。始终要记得，说白话，很伟大。

6.2.20 定价即经营

下面我用几个场景来举例。

（1）首先加深一下对"钱少事多"这件事的理解。这四个字是精华，为什么呢？钱给得少，事一定多，给钱越多的甲方，合作越顺畅。于是，定价显得尤为重要。当然，也要结合自己当前所处的阶段，去找到平衡点，避免动作变形。

（2）比如，定价能够阻止新进入者，当你在一个领域已经拿下了头部，这时候你用对行业的理解，定一个略低的价格去卡点，让后来者介入的成本大到不可接受，或者说远大于他未来可能的收益，就可以了。这一点其实在我们身边就有很多例子，这时候的它们看似牺牲了一部分利润，其实占了更大的市场份额，让消费者感到兴奋，让竞争者更绝望。

（3）给员工定价，尤其是高价值员工。什么意思呢？断绝他单飞的可能性，用高薪、荣誉、归属感、日常福利、排场、机制等让他养成习惯，给他一种留在公司比自己出去干赚更多的即视感，以及，在公司已经适应、有后台的感觉，何必去创业那么苦。这也是定价的艺术。

（4）定价在某些时候，也代表着创业的过程。一般来说，先优化流量结构，然后优化利润，最后优化成本。

在创业初期，销量带来的不一定是收益，更多的是信心。这时候，只需要优化流量结构，确保跑平或者略亏（战略性亏损虽然让人不适应，但确实存在），能起量就行。

下一步开始优化利润。因为销量能换来更好的市场话语权和一些品牌力，这时候适当追逐利润就合适了。

最后优化成本，以追逐更大的利润。数量决定价格是放之四海而皆准的道理，达到一定的量之后，供应链上的每一个环节都能卡下来几毛钱，就是一笔巨大的财富。量较少的时候，单个做高利润，压榨厂家而降低成本，所得没有任何意义。

（5）当然，也要看具体情况。比如，你要卖饺子，那在工地旁、学生街、步行街、商场、机场、酒店，完全不同的人群，决定了不同的定价策略。而定价又决定了所有的细节，比如，饺子汤用高汤，还是白水；馅用五花肉还是和牛；碗用大白瓷碗还是镶金边的珐琅瓷；是细水长流做熟客，还是做没回头客的杀生；是薄利多销，还是厚利少量……个中玄机，先定价，后经营。

（6）前文提过价格带打法。举例来说，很多行业，比如医美，当年我给一家公司做顾问的时候，我让他们在一本精美的套餐说明资料上，除了常规的六个套餐，另外加了两个贵得离谱的套餐，后来她们的成交莫名轻松了许多，这中间考量的细节就多了。

比如，因为面子，有些人只选贵的不选对的；比如，有些人不懂医美，但坚信用价格来判断结果的好坏就是正确；比如，有些人因为看到后头还有两个那么好的套餐，于是折中选了原来最贵的那个……本身成交就是赚到，不成交也能促进转化，是不是算有所收获？

（7）对于个人的成长，也是如此。始终要有对自己的定价，并且尽量用五年后自己期待的价格来要求现在的自己，然后朝着那个理想的价格来提升自己的价值。这样，就会做到心中有数，也能更笃定地去践行每一个动作，从而拥有更多的确定性。

6.2.21 价值和价格

习惯，是由"暗示""行为"和"奖赏"组成的。

安利曾推出一款除厨房异味的喷雾，开始时信心满满，后来却滞销了。聪明的他们，果断调整了战略，在喷雾里加了一点淡淡的香水，把产品的使用效果，由"祛除异味"升级成了"打扫完后获得清新的香味"，不出意外销量大增。

我们来分析一下没升级产品之前，这个行为的流程。"暗示"：异味，原因一定是脏乱差。"行为"：消费者开始打扫，打扫完成，到这步就已经结束了，缺失了一种奖赏，执行完习惯之后，没有一种仪式感，来宣告你这次行为的结果，没有获得好处。

安利在喷雾里加了香水，就加强了"奖赏"这个环节，这个香味不仅会强化"干净"这个欲望，还成为打扫干净这个习惯回路中的结束仪式，两全其美。习惯一旦形成，就很难消失，没有喷一喷，闻到香味，潜意识里就会感觉没打扫干净。

现实生活中我们有很多度量单位，比如速度、时间、温度、长度等，但很多情况下很难得到精确的答案。

那有什么可操作的方法能让人们统一标准呢？加入参照物可以吗？

举个例子，某杂志代理广告有三个方案：A. 全年电子版杂志，199 元；B. 全年纸质杂志，499 元；C. 全年电子版杂志＋纸质杂志，499 元。对这三种方案在员工中进行选择调查，结果16% 的员工选 A，84% 的员工选 C，没有人选 B。但当把 B 选项去掉，重新投票，68% 的员工选了 A，32% 的员工选了 C。B 选项是关键，有了对比的参照，C 看起来就更诱人了，小小改动，收入增加一半。

是的，只要诱惑到位，人们习惯性地买自己不那么需要的物品。比如空气炸锅、瑜伽垫、保健品、跑步机、按脸器、服饰箱包，其实这些东西的使用率并不高。但这就是人性，我们可以在很多场景看见这种参照物。

免费，有着非常强大的非理性扭曲能力。

以矿泉水举例，一瓶普通矿泉水 1 元，好一点的矿泉水 3 元，再好一点的 5 元，可能大家大部分时候买 1 元的，时不时买 3 元的，偶尔买 5 元的。但如果三款产品同时降价 1 元，就变成了 0 元、2 元、4 元，价差没有变，按照往常消费得到的优惠也是一样的，但这时候，起码 90% 的人会选择那款免费的，剩下的人部分可能是因为不好意思，或者存在拿了几次免费的感觉必须买一瓶好的等各种心理活动而选择 2 元和 4 元的。

另外，可能大部分人也有过类似的情况：在购物软件上，为了凑够 99 元免运费，买了一堆书，却从未翻开过；或是因为满赠活动，多买了一堆吃不完、用不到的东西。

在促进销售的世界里，独一档的存在应该是"高标低卖"这四个字，这是王者级。接下来一档应该是，满减、满送、优惠券之类的。

再下来就是，团购、秒杀、限免、众筹、返利等这些变体。

比较少见的变体也有，比如拍卖、试用等。

现在的分享解锁、关注有礼、转发就送、抽奖免费，甚至抽奖还能团抽，一人中奖、全团免费，打卡都能玩出花，达标全退，分享免下期……看多了，也许就能看明白了，生活和工作中，都用得到。

6.2.22 一生只做一件事

我做过很多细分行业，大部分都做到了头部。常有朋友问我，是如何做到的，我总是笑笑告诉他们，都是同行衬托。

但这句话很实在，比如，保持健康、做好私域，剩下都靠同行衬托；做好产品，保持品控，剩下都靠同行衬托。

我们要找到那种一生只做一件事的主线任务，支线和操作就会变得简单了。

所谓专家，就是在某个领域踩过几乎所有能踩的坑。想要足够熟悉一条赛道，往往需要两年甚至更多的时间。每个领域都有足够多的隐性信息、足够多的坑，这些信息和坑只能用时间去摄入，用双脚去丈量。

在这个过程中，在持续做事中做出新意，微创新就够了；逐渐拥有信息的领先，甚至能预判市场的走向；拥有一些上下游的沉淀（分销网络和供应链渠道）；独特的技术或者专利；积累的行业威望，声誉；以及对成本的深刻理解，不论是基于规模、技术或者经验、社会关系，从而实现的总成本领先，都可以；要是能再有一些系统性的管理体系，有一些独当一面的人才，有一些行之有效的组织方法和制度，那就是真正的抗风险能力极强的确定性了。

6.2.23 最怕有梦想

我们可能有梦想，也可能没有；我们常常会输，但是偶尔能赢。

每个人都要上班，如果有梦想，我们是为了生活继续上班，还是放弃一切，为了梦想去拼一下？

不是有梦想就一定要实现，大部分梦想是无法实现的，极少数人才可以做自己喜欢的工作，或者说用自己的兴趣养活自己，这才是真实的世界。

因为你的兴趣大概率不能为你赚钱，实现不了。为什么呢？因为中间少了一个环节，就是你可能没有认真想过，你的兴趣到底能为谁解决问题，能为谁创造价值。

你可以尝试换一个兴趣，如果起了这样的念头让你羞愧，感觉背叛了梦想，那么请好好工作，用工作去维持生活，甚至维持一下兴趣，也许是不错的方式。生活的理想，就是为了理想而生活。

但是，放在创业中，就比较特殊了。我有一个观察，赚钱不难，做起来一件事情也容易，怕就怕有了梦想、有了情怀。

就像开个淘宝小店，小富即安，常常是触之可及的。一旦想做大，想做品牌，往往可能会受到一些打击。

如果把梦想放到创业当中，会有一个排序：现金流＞利润＞人效＞规模＞品牌＞愿景（可持续性）＞梦想。

现实的真相往往是，不加戏地说：现金流＞利润＞人效＞规模＞品牌＞愿景（可持续性）＞梦想，我们做到保证健康的现金流，现金流就是一切，其他都会随之而来。每个因素都走"持续实现 A 达到多长时间，才配考虑 B"这样一个路线，才是正解。

后记
人间外挂

行文至此，这次的确定性之旅就快到站了。最后，我给大家补点料，有个状态很有趣，我形象地把它叫作"外挂"，百度百科上是这样解释的：

　　外挂，又叫辅助、第三方辅助软件，综合某些修改器的功能进行编程的游戏修改器。一般指通过修改游戏数据为玩家谋取利益的作弊程序或软件，即利用电脑技术针对一个或多个软件进行非原设操作，改动游戏原本正常的设定和规则，大幅增强游戏角色的技能和超越常规的能力，从而达到轻松获取胜利、奖励和快感的效果，通过改变软件的部分程序制作而成的程序。

　　我们在成长的过程中，也可以有很多外挂，从而增加更多的确定性。拿我自己举例，在线上，我有很好的财税朋友、律师朋友、设计师朋友、医生朋友等；在本地，我有很好的本地生活专家朋友，帮我处理各种社会关系、提效降本；甚至在吃喝玩乐、票务、礼品、情感、运动等各方面，我都有着交互过多次、验证过的靠谱的朋友。

　　这些朋友就像一个个不同的外挂，让我的工作生活更加顺畅、丝滑。建议大家也可以从今天起梳理一下，自己都有哪些确定性极强的外挂朋友，如果不够，建议有意识地去增加外挂种类，就更能在人生游戏的旷野中，游刃有余。

而我，也可以成为你们的外挂。从业二十年，我回复了上万名朋友不同的问题，相信在这方面有属于自己的天分和沉淀。

欢迎你加入我们，包括但不限于互联网、创业、流量、内容、转化、短视频、团队管理、个人成长，以及一些黑科技、方法论，有问必答。

我们低头赶路，我们抬头看天，从满怀理想，到彷徨迷茫，从青春少年，到两鬓微霜。

那些大步向前的脚印里，盛满了我们的狂热、盲目和无所不能的错觉。

当我们从梦中醒来，却发现只是浮华下无助的夜晚，满眼望去只是对确定性的无能为力，只是无奈散伙后凌乱的孤单，只是从滞涨到衰退苟延的挣扎。

我们能清楚地知道，科技创新、应用材料、软硬件的发展，业态在不断变化，时代的浪潮之下，我们眼前的这份答卷是前人从未做过的题，能借鉴参考的经验越来越少。而时间窗口越来越短，节奏越来越快，我们要始终保持敏锐，保持机动，保持对抗，以捕获那稍纵即逝的机会，完成自我的价值实现。

有没有发现，我们停不下来了。我们身边的人，不管处于什么社会阶层，很少能停下来、歇一歇。"你有多久，没有单纯地玩过了？”简单的问题，却少有人能回答。

只是，人啊，总是需要被一种善意的执念推着向前，我们在虬枝中攀折，试图将杂乱不堪理顺，让枯木逢春，枝繁叶茂。

我们确实应该通过与自己的对话，让好奇心驱使着我们找到偏爱，发现天赋，刻意练习，持续行动，拿回对生活的掌控感，发现人生的确定性。

这样，我们才能更加专注在属于自己的领域，一起等风来，等花开。

于是，有了本书，分享给诸君。

作者寄语

这三年来，我与超过四千名职场人和创业者有过一些深度的交流，并做了记录和总结，略有所得，写出来，分享给诸君。

若有一两条能让你有所共鸣，那便是极好了。